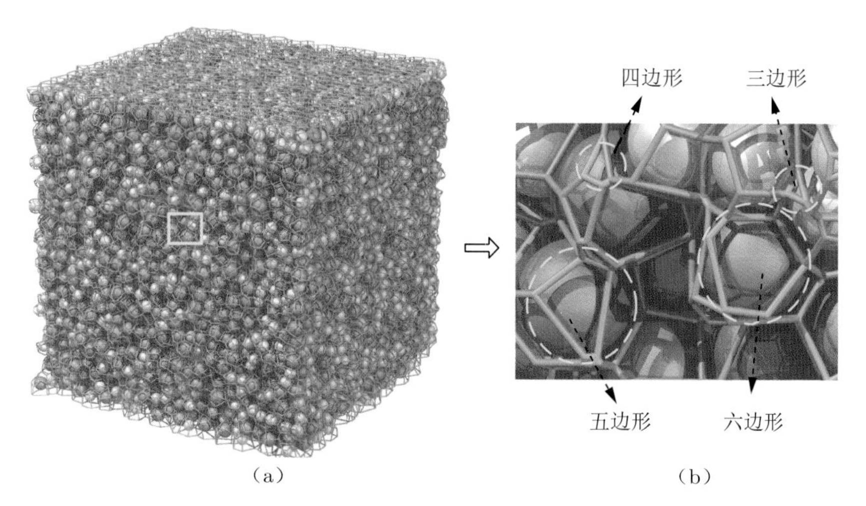

图 2.14 平板剪切分析域的自由基剖分结果

颗粒颜色不同代表粒径不同

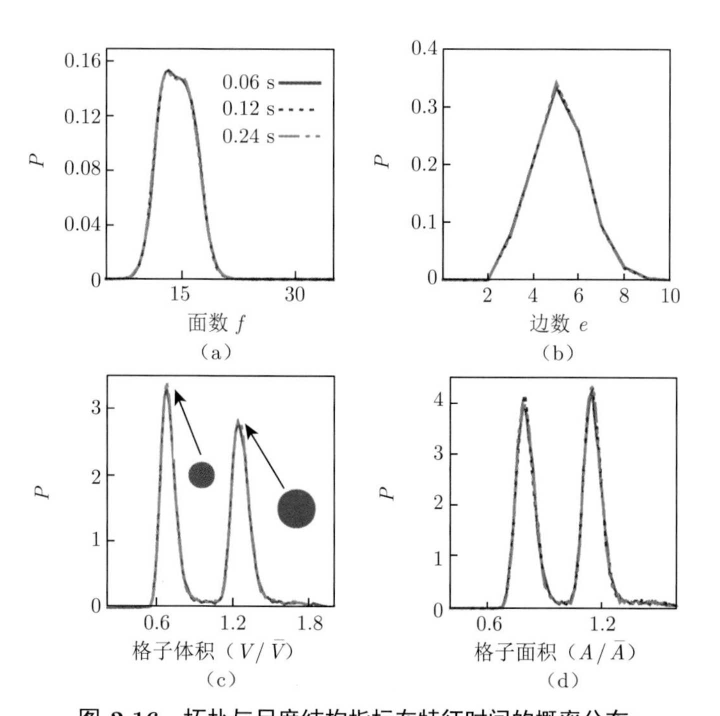

图 2.16 拓扑与尺度结构指标在特征时间的概率分布

（a）多面体面数；（b）多面体各面边数；（c）固相体积分数；（d）固相面积分数

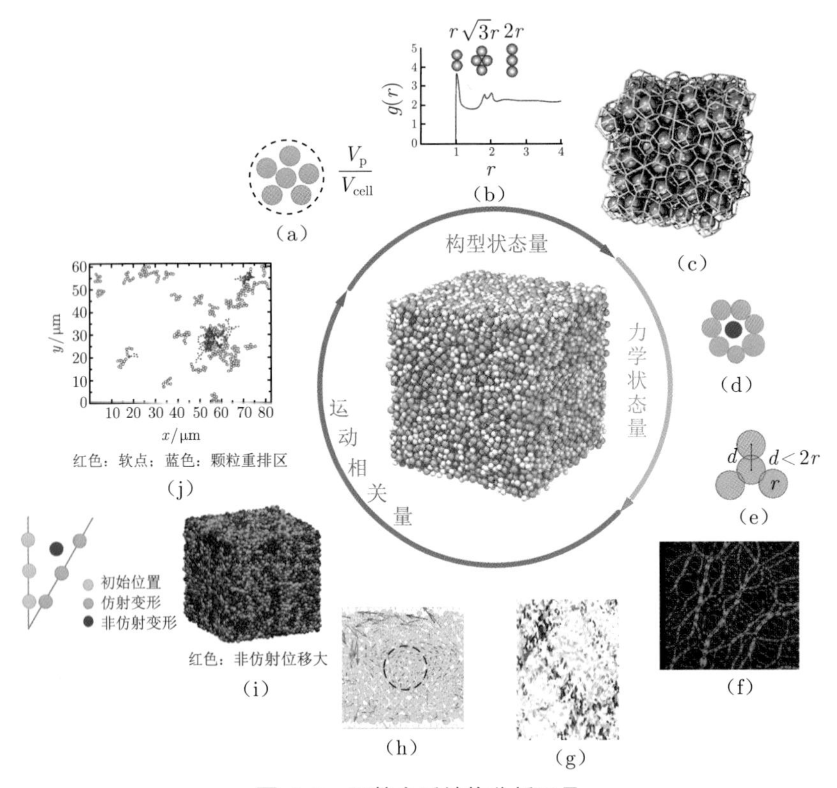

图 1.5　颗粒介质结构分析工具

（a）体积分数；（b）对关联函数 [58]；（c）Voronoi 剖分 [59]；（d）自由颗粒（rattler）；（e）配位数；（f）力链 [2]；（g）剪切带 [60]；（h）涡旋 [61]；（i）非仿射位移（non-affine displacement）[62]；(j) 软点（soft spot）：对低频模式相应剧烈的颗粒 [63]

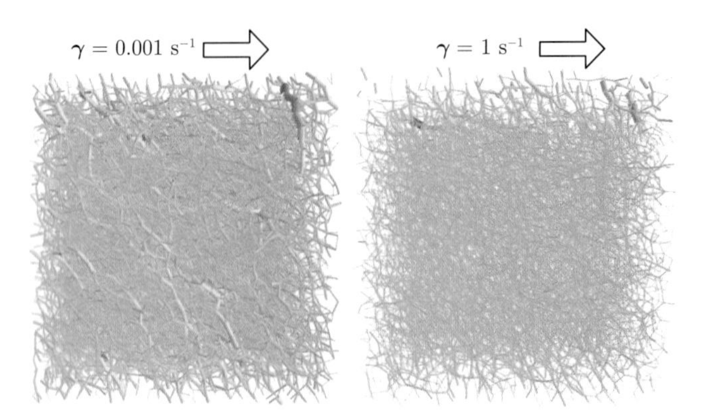

图 2.7　不同剪切速率下剪切稳定阶段某一瞬时力链网络的对比

力链管径与颜色满足相同比例

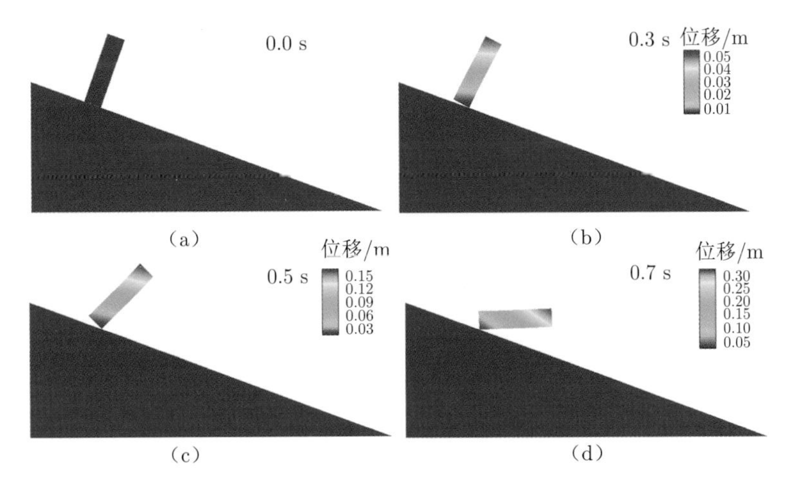

图 4.16 倾角为 20° 时块体倾倒过程

水平位移云图，单位为 m

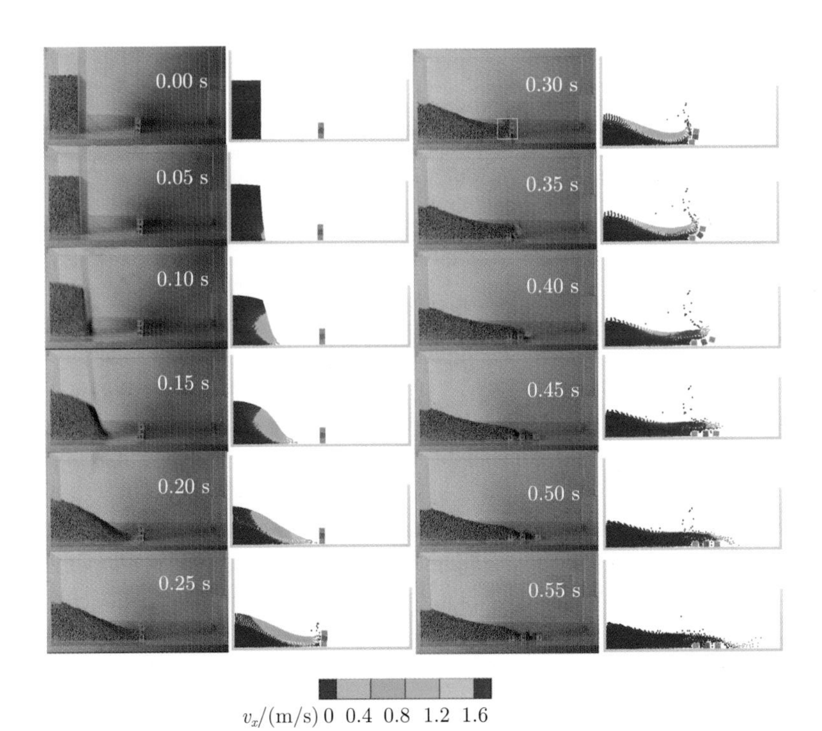

图 4.18 颗粒冲击木块过程耦合算法模拟结果与试验结果对比

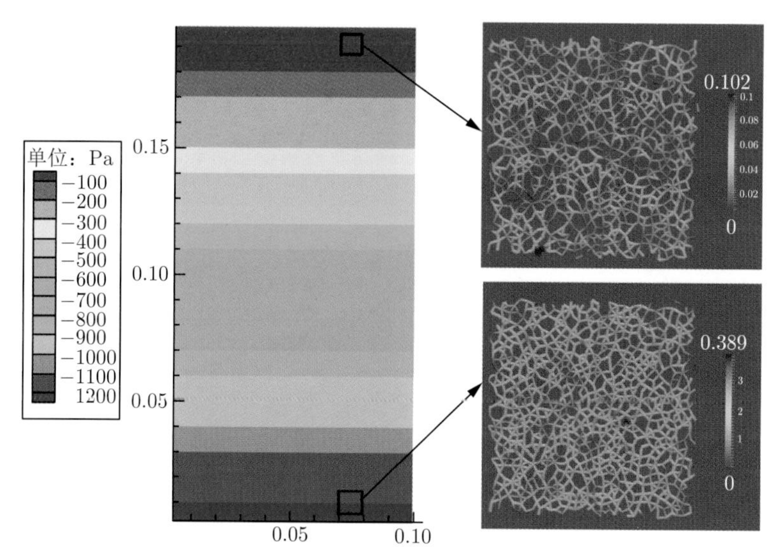

图 4.24　初始法向应力和力链分布

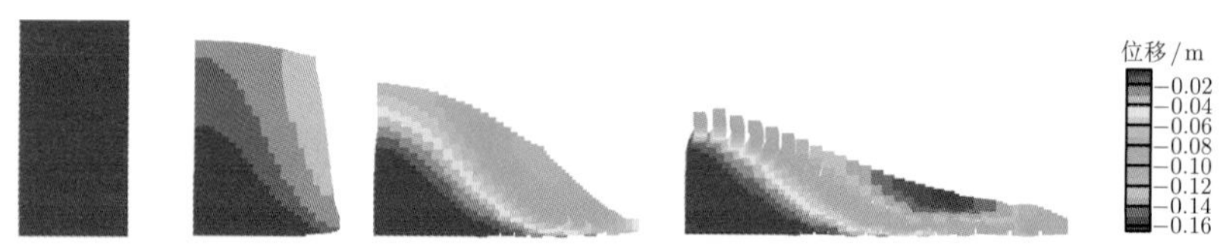

图 4.25　沙堆倒塌过程试验结果与数模结果对比

云图为水平向位移，单位为 m

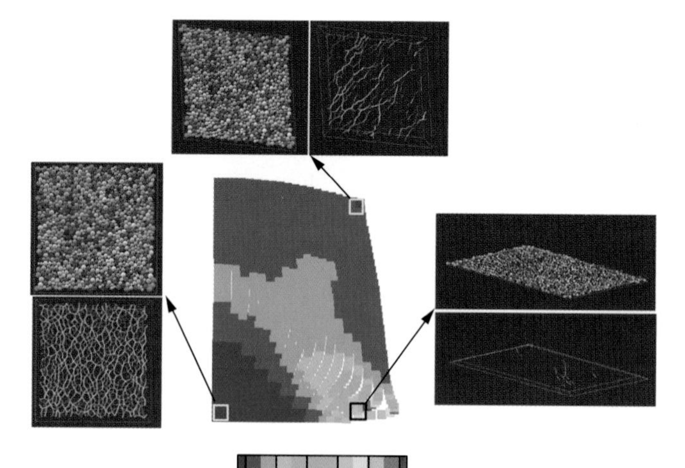

图 4.26　$T = 0.1$ s 等效剪应变分布与不同位置颗粒集合构型与力链网络

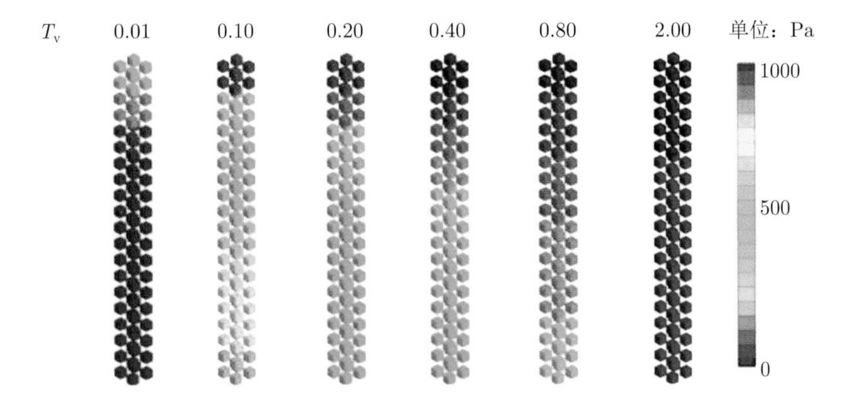

图 5.5　孔隙水压力随时间的演化

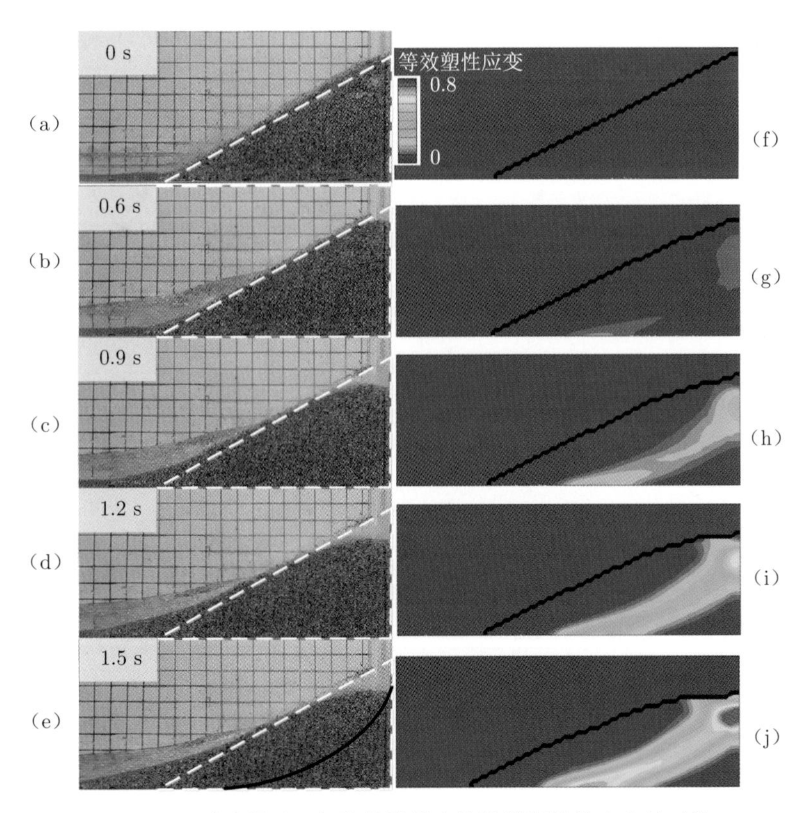

图 5.11　试验滑动面与数值模拟中的等效塑性体应变的对比

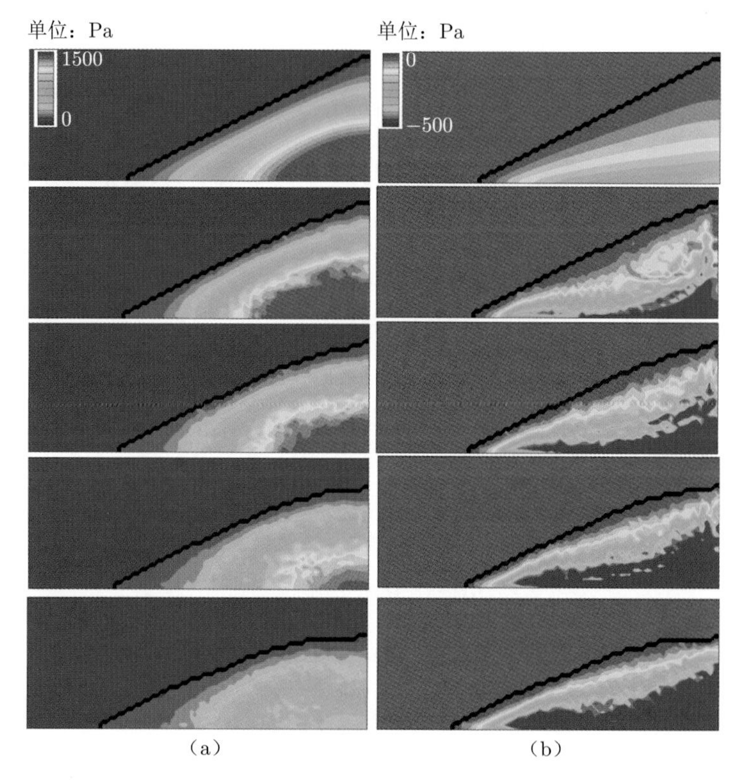

图 5.13　孔隙水压力（a）与法向有效应力（b）的空间分布随时间的演化

清华大学优秀博士学位论文丛书

颗粒流介尺度分析与连续化模拟

刘传奇（Liu Chuanqi）著

Mesoscale Analysis and Continuum-based Simulations of Granular Flows

清華大學出版社
北京

内 容 简 介

本书分别从物理角度与工程角度对颗粒介质展开研究。从物理角度，基于离散模型，不断深化对颗粒介质宏观表现下物理本质的理解，包括对比不同流态下动力学特征、探究颗粒类固/类液态转化的结构根源；从工程角度，为模拟千米量级的碎屑流灾害，需将颗粒介质进行连续化处理，发展适合颗粒介质大变形的数值方法，以复现颗粒集合的运动现象为基础，尝试获取更多的运动学、动力学信息，更好地为灾害防治提供服务。

图书在版编目（CIP）数据

颗粒流介尺度分析与连续化模拟 / 刘传奇著.—北京：清华大学出版社，2022.10
（清华大学优秀博士学位论文丛书）
ISBN 978-7-302-60624-6

Ⅰ. ①颗…　Ⅱ. ①刘…　Ⅲ. ①颗粒物质-离散-数值模拟　Ⅳ. ①O552.5

中国版本图书馆 CIP 数据核字 (2022) 第 068205 号

责任编辑：黎　强
封面设计：傅瑞学
责任校对：欧　洋
责任印制：丛怀宇

出版发行：清华大学出版社
网　　址：http://www.tup.com.cn，http://www.wqbook.com
地　　址：北京清华大学学研大厦 A 座　　邮　　编：100084
社 总 机：010-83470000　　邮　　购：010-62786544
投稿与读者服务：010-62776969，c-service@tup.tsinghua.edu.cn
质量反馈：010-62772015，zhiliang@tup.tsinghua.edu.cn
印 装 者：三河市东方印刷有限公司
经　　销：全国新华书店
开　　本：155mm×235mm　　印　张：10.25　　插　　页：4　　字　　数：165 千字
版　　次：2022 年 10 月第 1 版　　印　　次：2022 年 10 月第 1 次印刷
定　　价：79.00 元

产品编号：080956-01

一流博士生教育
体现一流大学人才培养的高度（代丛书序）[①]

人才培养是大学的根本任务。只有培养出一流人才的高校，才能够成为世界一流大学。本科教育是培养一流人才最重要的基础，是一流大学的底色，体现了学校的传统和特色。博士生教育是学历教育的最高层次，体现出一所大学人才培养的高度，代表着一个国家的人才培养水平。清华大学正在全面推进综合改革，深化教育教学改革，探索建立完善的博士生选拔培养机制，不断提升博士生培养质量。

学术精神的培养是博士生教育的根本

学术精神是大学精神的重要组成部分，是学者与学术群体在学术活动中坚守的价值准则。大学对学术精神的追求，反映了一所大学对学术的重视、对真理的热爱和对功利性目标的摒弃。博士生教育要培养有志于追求学术的人，其根本在于学术精神的培养。

无论古今中外，博士这一称号都和学问、学术紧密联系在一起，和知识探索密切相关。我国的博士一词起源于 2000 多年前的战国时期，是一种学官名。博士任职者负责保管文献档案、编撰著述，须知识渊博并负有传授学问的职责。东汉学者应劭在《汉官仪》中写道：“博者，通博古今；士者，辩于然否。”后来，人们逐渐把精通某种职业的专门人才称为博士。博士作为一种学位，最早产生于 12 世纪，最初它是加入教师行会的一种资格证书。19 世纪初，德国柏林大学成立，其哲学院取代了以往神学院在大学中的地位，在大学发展的历史上首次产生了由哲学院授予的哲学博士学位，并赋予了哲学博士深层次的教育内涵，即推崇学术自由、创造新知识。哲学博士的设立标志着现代博士生教育的开端，博士则被定义为

① 本文首发于《光明日报》，2017 年 12 月 5 日。

独立从事学术研究、具备创造新知识能力的人，是学术精神的传承者和光大者。

博士生学习期间是培养学术精神最重要的阶段。博士生需要接受严谨的学术训练，开展深入的学术研究，并通过发表学术论文、参与学术活动及博士论文答辩等环节，证明自身的学术能力。更重要的是，博士生要培养学术志趣，把对学术的热爱融入生命之中，把捍卫真理作为毕生的追求。博士生更要学会如何面对干扰和诱惑，远离功利，保持安静、从容的心态。学术精神，特别是其中所蕴含的科学理性精神、学术奉献精神，不仅对博士生未来的学术事业至关重要，对博士生一生的发展都大有裨益。

独创性和批判性思维是博士生最重要的素质

博士生需要具备很多素质，包括逻辑推理、言语表达、沟通协作等，但是最重要的素质是独创性和批判性思维。

学术重视传承，但更看重突破和创新。博士生作为学术事业的后备力量，要立志于追求独创性。独创意味着独立和创造，没有独立精神，往往很难产生创造性的成果。1929 年 6 月 3 日，在清华大学国学院导师王国维逝世二周年之际，国学院师生为纪念这位杰出的学者，募款修造“海宁王静安先生纪念碑”，同为国学院导师的陈寅恪先生撰写了碑铭，其中写道：“先生之著述，或有时而不章；先生之学说，或有时而可商；惟此独立之精神，自由之思想，历千万祀，与天壤而同久，共三光而永光。”这是对于一位学者的极高评价。中国著名的史学家、文学家司马迁所讲的“究天人之际，通古今之变，成一家之言”也是强调要在古今贯通中形成自己独立的见解，并努力达到新的高度。博士生应该以“独立之精神、自由之思想”来要求自己，不断创造新的学术成果。

诺贝尔物理学奖获得者杨振宁先生曾在 20 世纪 80 年代初对到访纽约州立大学石溪分校的 90 多名中国学生、学者提出：“独创性是科学工作者最重要的素质。”杨先生主张做研究的人一定要有独创的精神、独到的见解和独立研究的能力。在科技如此发达的今天，学术上的独创性变得越来越难，也愈加珍贵和重要。博士生要树立敢为天下先的志向，在独创性上下功夫，勇于挑战最前沿的科学问题。

批判性思维是一种遵循逻辑规则、不断质疑和反省的思维方式，具有批判性思维的人勇于挑战自己，敢于挑战权威。批判性思维的缺乏往往被认为是中国学生特有的弱项，也是我们在博士生培养方面存在的一个普遍问题。2001 年，美国卡内基基金会开展了一项“卡内基博士生教育创新计划”，针对博士生教育进行调研，并发布了研究报告。该报告指出：在美国和欧洲，培养学生保持批判而质疑的眼光看待自己、同行和导师的观点同样非常不容易，批判性思维的培养必须成为博士生培养项目的组成部分。

对于博士生而言，批判性思维的养成要从如何面对权威开始。为了鼓励学生质疑学术权威、挑战现有学术范式，培养学生的挑战精神和创新能力，清华大学在 2013 年发起“巅峰对话”，由学生自主邀请各学科领域具有国际影响力的学术大师与清华学生同台对话。该活动迄今已经举办了 21 期，先后邀请 17 位诺贝尔奖、3 位图灵奖、1 位菲尔兹奖获得者参与对话。诺贝尔化学奖得主巴里·夏普莱斯（Barry Sharpless）在 2013 年 11 月来清华参加“巅峰对话”时，对于清华学生的质疑精神印象深刻。他在接受媒体采访时谈道：“清华的学生无所畏惧，请原谅我的措辞，但他们真的很有胆量。”这是我听到的对清华学生的最高评价，博士生就应该具备这样的勇气和能力。培养批判性思维更难的一层是要有勇气不断否定自己，有一种不断超越自己的精神。爱因斯坦说：“在真理的认识方面，任何以权威自居的人，必将在上帝的嬉笑中垮台。”这句名言应该成为每一位从事学术研究的博士生的箴言。

提高博士生培养质量有赖于构建全方位的博士生教育体系

一流的博士生教育要有一流的教育理念，需要构建全方位的教育体系，把教育理念落实到博士生培养的各个环节中。

在博士生选拔方面，不能简单按考分录取，而是要侧重评价学术志趣和创新潜力。知识结构固然重要，但学术志趣和创新潜力更关键，考分不能完全反映学生的学术潜质。清华大学在经过多年试点探索的基础上，于 2016 年开始全面实行博士生招生“申请–审核”制，从原来的按照考试分数招收博士生，转变为按科研创新能力、专业学术潜质招收，并给予院系、学科、导师更大的自主权。《清华大学“申请–审核”制实施办法》明晰了导师和院系在考核、遴选和推荐上的权力和职责，同时确定了规范的流程及监管要求。

在博士生指导教师资格确认方面，不能论资排辈，要更看重教师的学术活力及研究工作的前沿性。博士生教育质量的提升关键在于教师，要让更多、更优秀的教师参与到博士生教育中来。清华大学从 2009 年开始探索将博士生导师评定权下放到各学位评定分委员会，允许评聘一部分优秀副教授担任博士生导师。近年来，学校在推进教师人事制度改革过程中，明确教研系列助理教授可以独立指导博士生，让富有创造活力的青年教师指导优秀的青年学生，师生相互促进、共同成长。

在促进博士生交流方面，要努力突破学科领域的界限，注重搭建跨学科的平台。跨学科交流是激发博士生学术创造力的重要途径，博士生要努力提升在交叉学科领域开展科研工作的能力。清华大学于 2014 年创办了“微沙龙”平台，同学们可以通过微信平台随时发布学术话题，寻觅学术伙伴。3 年来，博士生参与和发起“微沙龙”12 000 多场，参与博士生达 38 000 多人次。“微沙龙”促进了不同学科学生之间的思想碰撞，激发了同学们的学术志趣。清华于 2002 年创办了博士生论坛，论坛由同学自己组织，师生共同参与。博士生论坛持续举办了 500 期，开展了 18 000 多场学术报告，切实起到了师生互动、教学相长、学科交融、促进交流的作用。学校积极资助博士生到世界一流大学开展交流与合作研究，超过 60% 的博士生有海外访学经历。清华于 2011 年设立了发展中国家博士生项目，鼓励学生到发展中国家亲身体验和调研，在全球化背景下研究发展中国家的各类问题。

在博士学位评定方面，权力要进一步下放，学术判断应该由各领域的学者来负责。院系二级学术单位应该在评定博士论文水平上拥有更多的权力，也应担负更多的责任。清华大学从 2015 年开始把学位论文的评审职责授权给各学位评定分委员会，学位论文质量和学位评审过程主要由各学位分委员会进行把关，校学位委员会负责学位管理整体工作，负责制度建设和争议事项处理。

全面提高人才培养能力是建设世界一流大学的核心。博士生培养质量的提升是大学办学质量提升的重要标志。我们要高度重视、充分发挥博士生教育的战略性、引领性作用，面向世界、勇于进取，树立自信、保持特色，不断推动一流大学的人才培养迈向新的高度。

邱勇

清华大学校长

2017 年 12 月 5 日

丛书序二

以学术型人才培养为主的博士生教育，肩负着培养具有国际竞争力的高层次学术创新人才的重任，是国家发展战略的重要组成部分，是清华大学人才培养的重中之重。

作为首批设立研究生院的高校，清华大学自 20 世纪 80 年代初开始，立足国家和社会需要，结合校内实际情况，不断推动博士生教育改革。为了提供适宜博士生成长的学术环境，我校一方面不断地营造浓厚的学术氛围，一方面大力推动培养模式创新探索。我校从多年前就已开始运行一系列博士生培养专项基金和特色项目，激励博士生潜心学术、锐意创新，拓宽博士生的国际视野，倡导跨学科研究与交流，不断提升博士生培养质量。

博士生是最具创造力的学术研究新生力量，思维活跃，求真求实。他们在导师的指导下进入本领域研究前沿，吸取本领域最新的研究成果，拓宽人类的认知边界，不断取得创新性成果。这套优秀博士学位论文丛书，不仅是我校博士生研究工作前沿成果的体现，也是我校博士生学术精神传承和光大的体现。

这套丛书的每一篇论文均来自学校新近每年评选的校级优秀博士学位论文。为了鼓励创新，激励优秀的博士生脱颖而出，同时激励导师悉心指导，我校评选校级优秀博士学位论文已有 20 多年。评选出的优秀博士学位论文代表了我校各学科最优秀的博士学位论文的水平。为了传播优秀的博士学位论文成果，更好地推动学术交流与学科建设，促进博士生未来发展和成长，清华大学研究生院与清华大学出版社合作出版这些优秀的博士学位论文。

感谢清华大学出版社，悉心地为每位作者提供专业、细致的写作和出版指导，使这些博士论文以专著方式呈现在读者面前，促进了这些最新的优秀研究成果的快速广泛传播。相信本套丛书的出版可以为国内外各相关领域或交叉领域的在读研究生和科研人员提供有益的参考，为相关学科领域的发展和优秀科研成果的转化起到积极的推动作用。

感谢丛书作者的导师们。这些优秀的博士学位论文，从选题、研究到成文，离不开导师的精心指导。我校优秀的师生导学传统，成就了一项项优秀的研究成果，成就了一大批青年学者，也成就了清华的学术研究。感谢导师们为每篇论文精心撰写序言，帮助读者更好地理解论文。

感谢丛书的作者们。他们优秀的学术成果，连同鲜活的思想、创新的精神、严谨的学风，都为致力于学术研究的后来者树立了榜样。他们本着精益求精的精神，对论文进行了细致的修改完善，使之在具备科学性、前沿性的同时，更具系统性和可读性。

这套丛书涵盖清华众多学科，从论文的选题能够感受到作者们积极参与国家重大战略、社会发展问题、新兴产业创新等的研究热情，能够感受到作者们的国际视野和人文情怀。相信这些年轻作者们勇于承担学术创新重任的社会责任感能够感染和带动越来越多的博士生，将论文书写在祖国的大地上。

祝愿丛书的作者们、读者们和所有从事学术研究的同行们在未来的道路上坚持梦想，百折不挠！在服务国家、奉献社会和造福人类的事业中不断创新，做新时代的引领者。

相信每一位读者在阅读这一本本学术著作的时候，在吸取学术创新成果、享受学术之美的同时，能够将其中所蕴含的科学理性精神和学术奉献精神传播和发扬出去。

姚飞

清华大学研究生院院长

2018 年 1 月 5 日

摘 要

颗粒材料是由大量离散颗粒构成的无序体系，在工业生产与自然界中广泛存在，在外界作用下，可以类似固体保持稳定，也可类似流体发生流动。本书以碎屑流灾害为工程背景，鉴于预测真实坡体固–液转变十分困难，从物理角度类比工程滑坡的产生机理，构建颗粒离散流动体系，对比不同流态下的动力学参数，探究颗粒材料类固态–类液态转变的结构根源；从工程角度，将颗粒介质进行连续化处理，基于物质点法发展了适合颗粒介质大变形的模拟平台，分别模拟了黏质边坡滑动、无黏颗粒流动、颗粒流动冲击、饱和沙堆滑动等过程，主要的内容与创新点包括：

（1）构建固定压力条件下的平板剪切数值模型，以宏观连续本构为模型验证，对比不同流态下的力链网络、速度分布、能量特征，以自由基剖分为工具，研究了存在宏观剪切带的特定流态下，结构在剪切过程中的时空演化，发现五边对称是结构特征量，低五边对称区与剪切带相关联。

（2）基于物质点法，采用弹塑性本构，模拟颗粒流动过程，对模型参数进行试验反演。构建了颗粒流动对垂直堆积的三木块冲击的物理实验，类比灾害对建筑物冲击过程，考虑物质点法接触算法难以处理静止接触与多体接触问题，采用物质点法与块体离散元法耦合模拟颗粒流动冲击过程，较好地再现了试验中木块翻转现象，块体间的接触检测通过顶点缩进法实现。

（3）摒弃宏观唯象本构，构建了物质点法与颗粒离散元法的多尺度建模框架，宏观采用物质点法计算，每个物质点对应一个颗粒集合构成的代表性体积元，物质点处的宏观应变通过边界条件施加到体积元中，基于离散元计算，反馈接触应力，再进行下一步计算。以沙堆倒塌为基本算例，将宏、细观研究进行关联，分析了宏观行为的微观机理。

（4）采用两套物质点分别模拟固、液两相，依托混合物理论，采用考虑惯性力的达西定律与混合物动量守恒为控制方程，推导空间离散格式，发展了两相物质点法算法，构建了定水头条件下饱和沙堆滑动的物理模型，对比试验结果与数模结果，发现数模中剪切带位置与试验中滑动面位置基本吻合。

关键词： 颗粒材料；平板剪切；结构分析；物质点法

Abstract

Granular materials are composed by discrete particles, which are often observed in geohazards, such as debris flows. The purpose of this study is to better understand the complex behaviors of granular materials, such as the transition between fluid-like and solid-like behaviors, and to numerically model granular materials for engineering applications. In this work, a plane shear granular flow is modelled using discrete element method (DEM) to explore the dynamical and structural characteristics of granular materials in different rheology regimes. For engineering applications, a software is developed based on the material point method (MPM) to simulate the large deformation problems, including granular flow, granular flow impacting blocks and sliding of fully saturated sandpile. The main contents are summarized as follows.

(1) A plane shear granular flow model under constant confining pressure is established to explore the dynamic characteristics of granular materials in different rheology regimes, such as force chain networks, velocity profiles, and energy densities. The model is verified using the generalized unified constitutive models of granular materials. The temporal evolution of spatial distributions of mesoscale structures are analyzed by the radical tessellation. It is found that the degree of local fivefold symmetry is a special structural indicator, which is correlated with a shear band.

(2) Using an elasto-plastic constitutive model, a granular flow is simulated based on MPM, where the material parameters are determined by an inverse analysis. Considering that the contact algorithm of MPM is hard to deal with the static contact and the contact involving multi bodies, MPM is coupled with block DEM to simulate the process of

granular flow impacting blocks. It is found that the simulation result agrees with the experimental result, particularly the phenomenon of the rotation of upper blocks.

(3) A multiscale modelling framework using MPM and DEM is developed to abandon the phenomenological constitutive models. In this framework, the macro deformation of a continuum is simulated by MPM, and each macro material point is linked with a representative volume element (RVE) consisting of granular assemblage. The deformation information obtained by MPM is applied to the RVE as boundary conditions, while the Cauchy' s stress calculated by DEM is reflected to MPM for the next step. This MPM/DEM multi-scale modelling strategy facilitates effective cross-scale interpretation and understanding the behavior of a collapse of granular pile.

(4) A fully coupled hydro-mechanical model using MPM is developed based on the mixture theory. Darcy' s law, considering the inertial effect, is adopted to govern the motion of interstitial water, and the conservation of momentum of the mixture is used to govern the motion of the solid. The spatial discretization schemes for these equations are derived using the generalized integration material point method, and the proposed coupled MPM formulation is implemented in a three-dimensional numerical code. An experiment is designed to observe the failure of a saturated sand pile, in which the partial-saturated region is avoided by increasing the hydraulic head at the input boundary, and the kinetic energy of water is dissipated by a filtering cloth. The failure process is simulated with the MPM code. It is found that the location of the shear band in the simulation agrees with the location of the sliding surface in the experiment.

Key Words: granular materials; plane shear granular flow; structural characteristics; material point method

主要符号对照表

符号	含义	符号	含义
$\boldsymbol{b}$	体力矢量	c	内聚力
e	多面体边数	e_{c}	势能密度
e_{k}	动能密度	E	弹性模量
f	多面体面数	F_{ij}	变形梯度
I	惯性数	J	变形梯度的行列式
k	渗透系数	K^{T}	固体骨架的体积模量
K^{W}	液相体积压缩模量	m_{p}	物质点 p 质量
n	孔隙率	$\boldsymbol{n}$	接触法向单位矢量
N_{c}	接触数目	N_{p}	颗粒数目
$\boldsymbol{p}_i$	动量矢量	P_i^n	第 i 边形数量比
P_i^s	第 i 边形面积比	S_{Ip}	物质点 p 与背景网格节点 I 间的权函数
S^w	水相饱和度	$\boldsymbol{t}$	接触切向单位矢量
T	温度	T_{g}	颗粒温度
$\boldsymbol{v}$	线速度矢量	V_{p}	物质点 p 所占体积
$w(x)$	试函数	$\boldsymbol{w}$	角速度矢量
Z	配位数	α	Biot 系数
$\dot{\gamma}$	表观剪切速率	δ_{ij}	Kronecker-Delta 函数
$\boldsymbol{\varepsilon}_{ij}$	应变张量	μ	摩擦系数
μ_{eff}	有效摩擦系数	ν	泊松比
ρ	密度	$\boldsymbol{\sigma}_{ij}$	应力张量
σ_{t}	抗拉强度	σ'_{ij}	有效应力
σ_{ij}^{∇}	Jaumann 应力率	τ_i	应力边界
ϕ	体积分数	ψ	膨胀角
$\varOmega_p$	物质点 p 支撑域		

名词索引表

目　录

第 1 章 绪 论

颗粒介质作为离散固体颗粒的集合，广泛存在于日常生活与工业生产中，如图 1.1（a）～（c）所示，从古代农业生产时谷物的运输与存储开始，到近代煤炭工业的兴起，再到现代核能工业中核燃料球在反应堆内的混掺[1]，人类对颗粒介质的研究从未停止（见图 1.1）。纵然舍弃粒间范德华力和液桥力的影响，无黏、单相颗粒集合仍能表现出复杂的力学行为，但对其研究依旧差强人意。如图 1.1（d）所示，钢珠在倾斜的平板上流动，底部钢珠类似固体保持稳定，上部钢珠类似流体发生流动，类固体与类流态在时间和空间上自然转变，并不存在特定的临界判据。这种转变涉及不同的时空尺度，既有局域的位置重排、力链重构，又有大尺度

图 1.1　常见颗粒介质（a）～（c）和钢珠在倾斜平板上流动（d）修改自参考文献 [5]

（a）古代农业；（b）近代煤炭工业；（c）现代核工业；（d）钢珠在倾斜板上运动

的失稳现象，而后者由前者聚集和发展而成，可谓“千丈之堤，以蝼蚁之穴溃”[2]。即使表面看起来相对容易刻画的类固态行为，在准静态剪切过程中，颗粒介质速度的涨落依旧会显现出与流体湍流相同的尺寸特性[3]。2005 年《科学》(*Science*) 杂志将发展关于湍流动力学和颗粒材料运动学的综合理论，列为 125 个最具挑战性的科学问题之一[4]。

1.1　研究问题与意义

颗粒介质作为离散颗粒的集合，空间多尺度性是其典型特点，如图 1.2 所示，在不加严格区分的条件下，单一颗粒处于毫米量级，若干颗粒构成的诸如力链的介观结构处于厘米量级，宏观尺度包括米量级的实验室尺度以及千米量级碎屑流（如含水也可以称为泥石流）灾害的工程尺度。本书将介尺度定义为可研究颗粒离散性质的特征尺度，宏观尺度定义为颗粒连续化后的特征尺度。考虑到颗粒材料的复杂性与研究的可行性，本书分别从物理角度与工程角度对颗粒介质展开研究，以兼具科学性与实用性。从物理角度，基于离散模型，不断深化对颗粒材料复杂力学行为物理本征的理解，包括对比不同流态下动力学特征、探究颗粒类固–类液态转化的结构根源；从工程角度，为模拟千米量级的碎屑流灾害，需将颗粒介质进行连续化处理，发展适合颗粒介质大变形的数值方法，以复现颗粒集合的运动现象为基础，尝试获取更多的运动学、动力学信息，更好地为灾害防治提供服务。

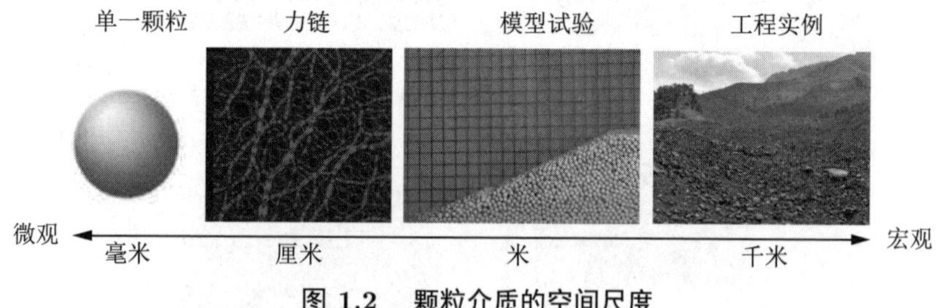

图 1.2　颗粒介质的空间尺度

开展针对颗粒介质的物理特性研究并发展连续介质数值方法，可以更好地理解碎屑流灾害的发生机理，模拟碎屑流灾害过程，预估灾害影响效果等。需要指出，由于在碎屑流灾害中，碎屑并非严格意义上的球形颗粒，且对于实际边坡，材料非均匀性显著，裂隙、节理、孔洞等近乎随机排布，预言实际地形的坡体在诸如降雨、地震等激扰下发生滑坡的可能性，以现阶段的研究水平难以实现，因而只能基于理想体系，尝试构建颗粒所处的不同流态，对比动力学量，探究颗粒材料类固态–类液态转变的结构根源，从物理角度类比工程滑坡的产生机理。此外，将颗粒材料进行连续化处理，发展适合模拟大变形的数值方法，包括选择合适的唯象本构；构建多尺度建模框架以摒弃唯象本构；模拟流动冲击；考虑土–水耦合作用等，能够为灾害防治提供完备的数值工具。以上内容为本书立意与行文架构。

1.2　研究现状

1.2.1　与颗粒流态相关的理论基础

在不同剪切速率下，颗粒间动量传递方式不同，颗粒介质流动特性可相应分为快速流区、慢速流区以及准静态区。图 1.3 表示颗粒流态划分，为双对数坐标图，x 轴代表无量纲的剪切速率，y 轴代表无量纲的应力，快速流区中颗粒动量的传递主要靠瞬时的、两体间的碰撞，应力正比于剪切速率的二次方，而在准静态区，动量主要借助多颗粒形成的、持续的力链网络进行传递，应力与剪切速率无关，在慢速流区，瞬间碰撞与持续接触共存，应力正比于剪切速率的一次方。

快速流区理论的研究一般认为起源于 Bagnold 对悬浮颗粒的试验研究，其发现颗粒应力与速度的平方成正比[6]。2002 年，Hunt 等人重做了 Bagnold 实验，认为其应力的测量受到了实验中二次流（secondary flow）的影响，而与干颗粒的力学行为无关[7]。分子运动论（kinetic theory）将颗粒运动类比为气体分子的无序碰撞，将速度涨落二阶矩定义为颗粒温度（granular temperature），以此来建立输运方程[8-9]。需要指出，动理学虽是将颗粒介质类比为气体分子发展而来的，但无法直接应用传统的热力学理论对颗粒介质进行描述，其中最重要的例子就是在流动或者旋转过程中，大小混合颗粒发生分选，这就与熵增过程相悖[10]。尽管动理学温度被拓展应用到密集流动[11-12]，但其描述速度涨落的本征，注定了在描述准静态过程中会存在缺陷[13]。

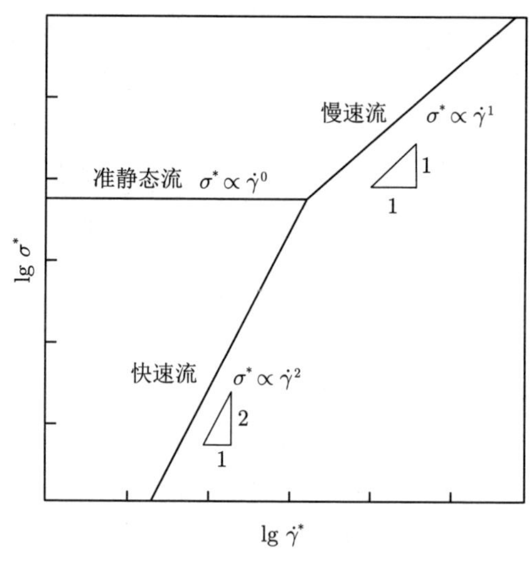

图 1.3　颗粒流态划分

对慢速流区进行的研究相对较少，比较统一的认识为应力与剪切速率的一次方成正比，这类似一种黏性行为，因而可以将之类比为黏塑性材料进行研究，其中黏性系数与剪切速率和压力相关[5]。

在准静态区中，率无关的唯象本构得到了广泛的应用。传统弹塑性力学百家争鸣，其塑性部分涵盖了接触力，颗粒间转动与滑动等过程对整体力学行为的贡献，需设定屈服函数。从热力学宏观角度，Houlsby 等人引入内变量参数 α_{ij}，在给定的应变 ε_{ij}，应变率 $\boldsymbol{\varepsilon}_{ij}$ 条件下，确定自由能函数 $\psi(\varepsilon_{ij}, \alpha_{ij})$ 与耗散函数 $\phi(\varepsilon_{ij}, \alpha_{ij}, \boldsymbol{\varepsilon}_{ij}, \boldsymbol{\alpha}_{ij})$ 的表达，通过控制函数获得材料响应关系[14-15]：

$$\sigma_{ij} = \frac{\partial \psi}{\partial \varepsilon_{ij}} + \frac{\partial \phi}{\partial \boldsymbol{\varepsilon}_{ij}} \tag{1.1}$$

Jiang 和 Liu 提出颗粒固体流体动力学方法（granular solid hydrodynamics, GSH），通过弹性能的热力学不稳定反映材料的屈服，通过弹模与体应变关联反映剪胀[16-17]，通过弹性能与弹性应变弛豫，描述颗粒材料准静态力学行为，并引入表征涨落的颗粒温度参数，但未明确给出其表达方式[18-20]。从热力学细观角度，Edwards 对非弹性接触的颗粒密集体系进行了研究，假定同体积条件下，各构型等概率出现，以此对处于挤压静止状态的颗粒体系进行构型系综 (configurational ensemble)，提出构型温度（configurational temperature）的概念来描述颗粒集合的可压缩性[21-22]。构型温度提出后，因其无法进行验证而引起了较大争议。2002 年，Makse 构建了缓慢剪切物理与数值模型，从颗粒扩散与迁移过程的线性关联中成功测量了构型温度[23]。

在连续介质框架下，统一流动理论的关键在于确定任意颗粒浓度与状态下，颗粒集合的应力表达、能量的传递与耗散。Kondic 将动理学温度与构型温度进行线性相加，提出广义颗粒温度（generalized temperature）的概念，其中颗粒温度的表达式为

$$T_{\mathrm{g}}=\frac{1}{2}m\left\langle v^{2}\right\rangle+\frac{1}{2}k\left\langle x^{2}\right\rangle \tag{1.2}$$

其中，m 为颗粒质量；v 为涨落速度；k 为接触刚度；x 为涨落压缩量；$\langle\cdot\rangle$ 为系综操作。该工作仅对能量与颗粒温度的关联进行了量化，并未涉及输运方程中颗粒温度的表达[24]。孙其诚课题组分析了颗粒介质能量转移与耗散过程，构建了弹性势垒图景，将描述动能涨落的动理学温度与描述弹性能涨落的构型温度加以区分，并将二者均作为颗粒介质的态变量，以此发展了颗粒介质的非平衡热力学理论[25-27]。

从统计角度出发，颗粒介质本构关系的统一描述在一系列无量纲参数提出后得到了极大的发展[28]。惯性数（inertial number）被定义为围压 P 作用下的颗粒重排时间 $d\sqrt{\rho/P}$ 与宏观运动时间 $1/\gamma$ 的比值，即

$$I=\frac{\gamma d}{\sqrt{P/\rho}} \tag{1.3}$$

其中，d 是颗粒粒径；γ 为宏观剪切速率；ρ 是颗粒密度。惯性数本质是一种无量纲剪切速率，较小的惯性数意味着宏观变形远慢于微观重排，对应准静态区；反之，大惯性数对应快速流区。从惯性数定义能够看出，通过改变剪切速度以及压力可以调整颗粒所处的流态。将剪应力 τ 与法向应力 P 的比值定义为有效摩擦系数，$\mu_{\mathrm{eff}}=\tau/P$。基于上述无量纲数，按照统计得到的宏观本构关系称为 μ-I 流变或 MiDi 流变，包括膨胀定律

(dilatancy law)与摩擦定律(friction law)[28]。膨胀定律描述惯性数与体积分数的关系($\phi=\phi(I)$),以反映颗粒介质体积变化,其表达式从线性($\phi=\phi_{\max}-aI$)[29] 发展到非线性的指数形式($\phi=\phi_{\max}-aI^{\alpha}$)[30]。摩擦定律为惯性数与有效摩擦系数的关系($\mu_{\text{eff}}=\mu_{\text{eff}}(I)$),以此刻画颗粒介质的剪切运动,本构关系亦从线性本构($\mu_{\text{eff}}=\mu_{\min}+bI$)[29] 发展到非线性的指数形式($\mu_{\text{eff}}=\mu_{\min}+bI^{\beta}$)[30],且逐渐形成目前被广泛接受的形式[31]:

$$\mu_{\text{eff}}=\mu_{\min}+\frac{\mu_{\max}-\mu_{\min}}{I_0/I-1} \tag{1.4}$$

其中,$\phi_{\max}$、$\mu_{\min}$、$\mu_{\max}$、a、b、α、β 和 I_0 均为常数,与研究维度、颗粒间摩擦、恢复系数等相关。注意到在摩擦定律中,$\lim\limits_{I\to 0}\mu_{\text{eff}}=\mu_{\min}$,$\lim\limits_{I\to\infty}\mu_{\text{eff}}=\mu_{\max}$,与之对应的是,颗粒所处的 3 个流态中,在准静态区与快速流区,有效摩擦系数与剪切速率无关,在慢速流区有效摩擦系数与剪切速度相关[32]。$\mu_{\min}$ 来自颗粒的非规则排布,在粒间摩擦系数为零时仍客观存在,是将颗粒处理为宾汉姆流体中临界起动切应力的物理根源[31]。饱和有效摩擦系数,在固定压力条件下是当剪切带出现以后,增大剪切速度已无法影响剪切带下部区域而表现出的动摩擦系数,在固定体积条件下,是达到高度激发条件时,正应力与切应力均可表示为与剪切速率成二次方关系的 Bagnold 应力,因而其比值与剪切速率无关[33]。综上,可将刚性无摩擦的颗粒流动视为黏塑性流动,建立统一的应力表达[31]:

$$\sigma_{ij}=-P\delta_{ij}+\tau_{ij} \tag{1.5}$$

其中,P 为压力;δ_{ij} 为 Kronecker-Delta 函数;$\tau_{ij}=\eta\gamma_{ij}$ 为剪应力,其中 η 表示黏性,其表达式为 $\eta=\mu(I)P/|\boldsymbol{\gamma}|$,$|\boldsymbol{\gamma}|=\sqrt{\gamma_{ij}\gamma_{ij}/2}$ 为变形率张量 $\boldsymbol{\gamma}_{ij}$ 的第二不变量。当剪切速度趋于零时,剪应力将发散,需要根据摩擦定律设定切应力阈值 $|\tau|$ 大于 $\mu_{\min}P$[31]。若考虑微观结构的演化,压力与宏观摩擦系数的表达便与微观结构内变量相关,此时需要建立微观结构内变量的演化方程以及颗粒尺度上的弹性、摩擦系数与宏观材料参数的联系,将颗粒宏、细观进行有效关联。微观结构可通过平均配位数与组构张量(fabric tensor)进行量化。平均配位数为单颗粒的平均接触数,$Z=2N_{\text{c}}/N$,其中 N_{c} 为接触力非零的总接触数,N 为颗粒数目[34],配

位数表征了颗粒集合的连通性，是颗粒发生堵塞（jamming）时非常重要的微观结构指标[35]。组构张量 $\boldsymbol{A}_{ij}$ 用以描述微观结构的各向异性，可以理解为方向矢量 $\boldsymbol{n}_i$ 概率分布函数的统计矩。不同的方向矢量 $\boldsymbol{n}_i$ 与权函数可以定义不同的组构张量的表达 [36-37]，若 $\boldsymbol{n}_i$ 定义为接触两球的球心连线的单位方向矢量，则对称、无迹的组构张量为

$$\boldsymbol{A}_{ij}=\frac{1}{N_{\mathrm{c}}}\sum_{\alpha=1}^{N_{\mathrm{c}}}n_i^{\alpha}n_j^{\alpha}-\frac{1}{3}\delta_{ij} \tag{1.6}$$

此时，$\boldsymbol{A}_{ij}$ 的特征向量为平均接触的主方向，其特征值反映了接触在主方向的程度，因而可以采用最大特征值与最小特征值的差，或者组构张量的第二不变量作为各向异性程度的指标[38]。此时，应力表达式（1.5）中，压力 P 和宏观摩擦系数 η 均为微观结构量，即配位数与组构张量的函数，通过建立配位数与组构张量的演化方程，即可将宏观应力与微观结构进行关联[38]。对于软球有摩擦的颗粒体系，需要对其黏度进行修正[39]。对于浸入流体的颗粒，类比干燥颗粒，定义无量纲数 $I_v=\eta_f\gamma/P$，其中 η_f 为液体黏度，此时，浸入颗粒的本构关系同样满足 $\tau=\mu(I_v)P$ 以及 $\phi=\phi(I_v)$，但其表达式有所变化[40]。颗粒介质应力的统一表达基本都需要假定不同状态下的应力可进行简单叠加 [41-42]。Volfson 将持续接触数与总接触数的比值定义为序参量（order parameter），类固态应力与类液态应力对总应力的相对贡献是序参量的函数，以此得到各流态下颗粒介质的应力表达 [43-44]，其对应函数从早期的线性发展至非线性函数 [45-46]。

上述基于统计得到的本构关系均需依托离散数值模型，通过对任意颗粒在碰撞、接触等动量传递机理控制下的运动进行实时追踪，记录其微观量，选用恰当的时空平均方案，就可以得到颗粒集合整体行为的数学描述 [47-48]，比如，微观的粒间接触力通过空间平均与宏观应力张量相关联 [49-50]。构建合理的流动模型是颗粒介质数值研究的关键，如图 1.4 所示，常见的流动模型有平板剪切 [29-30]、圆环剪切 [48-49]、谷仓垂直流[45]、倾板流（侧面周期边界）[31, 51]、堆积流（存在侧板）[52] 以及滚筒流 [53-54]。前 3 种流动被壁面限制，而后 3 种存在自由表面[5]。平板剪切模型由于模型简单，可更关注颗粒流动的描述而被广泛应用。根据不同的研究目标，平板剪切的边界分为体积固定与压力固定两种。固定体积条件下，上板保

持不动，增加剪切速率，上板所受压力增加，可以通过改变体积分数，研究颗粒介质不同流态的力学行为[55]。固定压力条件下，上板为伺服边界，可产生垂直方向的运动，随着剪切速度的增加，体积分数减小[56]，在低围压高剪切速率条件下，靠近上板 5~10 倍粒径处会出现空间与时间均稳定存在的剪切带[5]，剪切速度剖面呈指数型分布，而在高围压低剪切速度条件下，剪切变形发生在全域内，没有发生明显应变局部化，前者速度分布与流体类似（fluid-like），而后者与固体行为相似（solid-like）[57]。

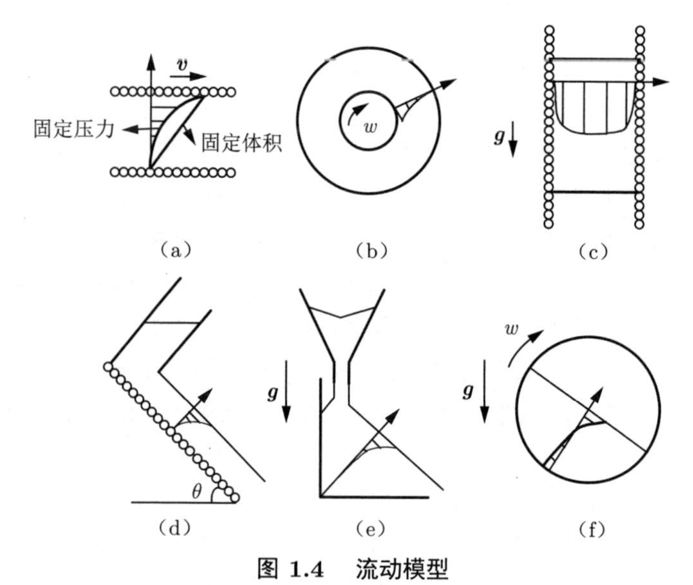

图 1.4 流动模型

（a）平板剪切；（b）圆环剪切；（c）谷仓垂直流；（d）倾板流（侧面周期边界）；（e）堆积流（存在侧板）；（f）滚筒流

1.2.2 颗粒材料介观结构

颗粒介质呈现不同力学行为的根源是其结构的变化，从能量转化和耗散的角度，外力功与系统的动能和弹性能相协调，动能与弹性能间可相互转化，但均将以动能的形式进行耗散，结构是能量传递与转化的直观体现。从当前瞬时构型与颗粒接触状态，预言结构不稳定域或运动形态是进行结构分析的最终目标。纵使在杂乱无章中寻求有序的过程举步维艰，但人们仍不懈努力，并最终有所斩获。本节从构型状态量、力学状态量与运动相关量三部分总结与分析现阶段流行的结构分析思路。

1. 构型状态量

固体相对流体而言，可以抵抗外界剪切，其长程有序的晶体结构保证了这种力学稳定。而对于长程无序的颗粒材料，当固体颗粒所占的体积分数为 ϕ 时，如图 1.5（a）所示，增加到某一临界值 ϕ_c 后，也能体现出结构稳定性，这一相变过程就是颗粒介质的堵塞[64]。因而，体积分数作为影响颗粒性质最直接的结构量，被用以建立颗粒体系的相图[58]，需要指出，对于会产生摩擦的颗粒，摩擦系数会影响颗粒介质的相图[65]。考虑到在密集流中，动量传递以颗粒接触为主，可承受部分外力，稀疏流以瞬时碰撞传递颗粒动量，体积分数从某种程度上决定了颗粒动量传递的形式。颗粒体系内局部体积分数的概率符合高斯分布，且颗粒越密集，局部体积分数越趋于均匀[60]。体积分数仅与颗粒浓度有关，与颗粒排布结构并无关系，因而可视为零维结构指标。

对关联函数（pair distribution function）$g(r)$ 是以颗粒中心为球心，在半径为 r 的球面上发现另一颗粒的概率，反映了颗粒在径向上的数密度分布，是一维结构指标。$g(r)$ 的定义为

$$g(r)=\frac{L}{N^2}\left\langle\sum_i\sum_{j\neq i}\delta\left(r-r^{ij}\right)\right\rangle \tag{1.7}$$

其中，L 为体系的特征长度；N 为颗粒数目；r^{ij} 为颗粒 i 与颗粒 j 间的距离；$\langle\cdot\rangle$ 代表体积系综。如此，颗粒体系的结构信息可通过对关联函数的峰值位置和峰值宽度等反映。如图 1.5（b）所示，对于单一粒径 r_p 的颗粒系统，$g(r)$ 存在 3 个峰，分别出现在 r_p、$\sqrt{3}r_\mathrm{p}$ 和 $2r_\mathrm{p}$ 位置，表征颗粒短程有序，而距离颗粒中心较远距离，$g(r)$ 趋于平缓，代表着颗粒介质长程无序[58]。对于双分散体系，不同的体积分数下，对关联函数的第一个峰值存在极大值[66]。对于有联结的颗粒系统，颗粒的联结形式亦可从 $g(r)$ 的形式中反映出来[67]。实验中，对关联函数可通过对 X 射线或中子实验中获得的结构因子进行傅里叶变换得到[68]。

为了获得更多的结构指标，Voronoi 剖分用颗粒连线的平分面将三维空间进行剖分，如图 1.5（c）所示[59,69-70]，每个颗粒占据且只占据一个多面体，颗粒介质排列结构根据尺寸与拓扑参数进行量化。Voronoi 剖分只关注颗粒中心位置，并不考虑颗粒粒径，因而对于多分散体系，需要采

用自由基剖分（radical tessellation），其剖分面为到两颗粒的切向距离相等点的集合[71]。由于多面体含有诸多结构指标，因而空间剖分能够对颗粒排布结构进行详细分析。

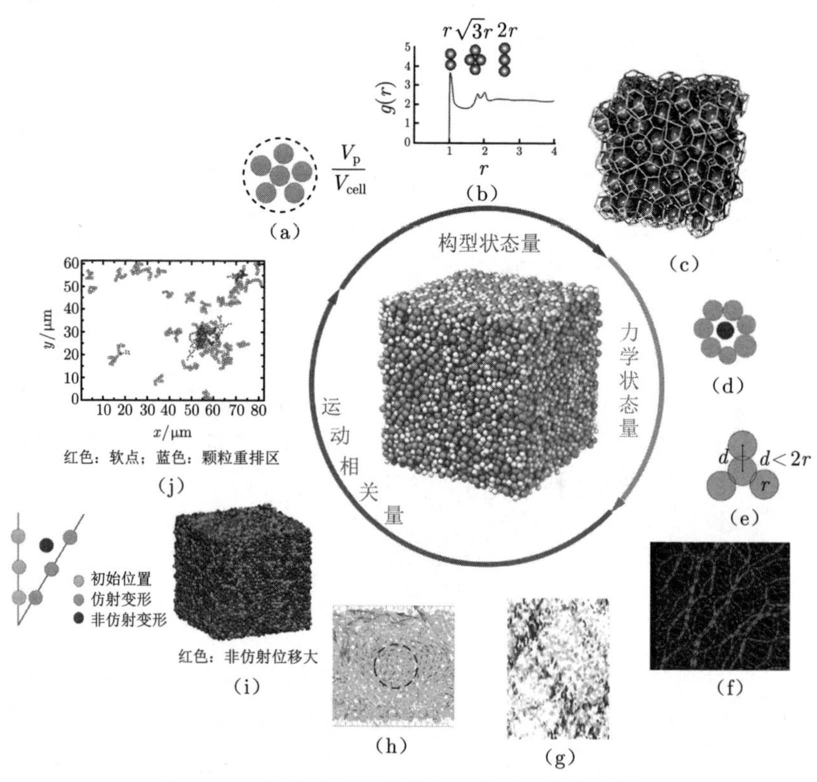

图 1.5 颗粒介质结构分析工具（见文前彩图）

（a）体积分数；（b）对关联函数[58]；（c）Voronoi 剖分[59]；（d）自由颗粒（rattler）；（e）配位数；（f）力链[2]；（g）剪切带[60]；（h）涡旋[61]；（i）非仿射位移（non-affine displacement）[62]；(j) 软点（soft spot）：对低频模式相应剧烈的颗粒[63]

2. 力学状态量

颗粒结构与动量传递方式相对应，进而影响能量的存储与耗散。如图 1.5（d）所示，自由颗粒（rattler）是颗粒体系中与其他颗粒没有任何接触的颗粒，可在周围相互挤压的颗粒构成的基体孔隙中自由运动，因而仅对系统的动能产生影响，而对势能没有贡献[72]。自由颗粒的数量反映了基体孔隙中自由体积的大小，可通过撞击挤压颗粒构成的强力链结构造成颗粒重排，从而收缩自由体积[73]。对于结构分析，由于自由颗粒对系统稳定以及能量耗散的作用有限，因而需要在系综操作中舍弃[74]。

配位数（coordination number）是颗粒接触的平均数目，如图 1.5（e）所示，由于接触是进行力传递的途径，因而配位数是力学结构指标。随着体积分数的增加，配位数在 ϕ_c 处出现拐点，超过 ϕ_c 后，配位数 Z、压力 P 均与体积分数呈指数关系，$Z \propto (\phi - \phi_c)^\beta$，$P \propto (\phi - \phi_c)^\psi$，其中 $\beta = 0.5$，$\psi = \alpha_f - 1$，α_f 是与颗粒接触势有关的系数[75]。对于单一粒径的硬球集合，单颗粒的自由体积（free volume）W 与配位数成反比，$W(Z) = 2\sqrt{3}V_g/Z$，其中 V_g 为颗粒体积，如此一来，配位数可以理解为堵塞状态下，颗粒自由体积的平均表征[35]。

如图 1.5（f）所示，在外界载荷作用下，颗粒相互挤压形成非均匀的力链网络，对力链的研究方兴未艾。统计接触力分布大于接触力平均值定义为强力链（strong network），反之定义为弱力链（weak network），系统大部分颗粒（大于 60%）处于弱力链区，而强力链区的颗粒数目随着接触力大小的增加而呈指数减少[36, 76]。由于外界荷载大部分由强力链承担，可将接触力是否大于接触平均值视为构成力链的量化指标[77]，此时，筛选后的力链主要沿最大主压应力方向[78]。力链的弛豫造成宏观应力松弛与蠕变[79]，各尺度上的力链不稳定以及屈曲又是整体系统不稳定的结构起源。Tordesilla 开拓性地建立了轴向压缩条件下，侧边无强支撑的力链屈曲理论模型，以此研究力链的动力学演化过程[80-81]。此外，理解接触力与其空间关联，特别是对外界载荷的响应，是颗粒介质研究中极为重要的。剪切与各向同性压缩条件下，法向力与切向力分布并不相同，在剪切条件下，沿力链方向具有长程的力关联，而各向同性压缩条件在任意方向仅具有短程的力关联[82]。考虑到颗粒体系在静止状态是超静定的，即未知力的数目多于平衡方程的数目，因而在统一排布方式下，满足力平衡的力链分布多种多样，假定每种力链分布出现的概率一样，就可以对静止颗粒体系进行力链系综，以此对接触力的概率分布等进行统计平均[83]。综上可以看出，力链是颗粒系统对外界荷载产生相应力学响应的关键。对力链的观测主要针对光弹性材料，基本原理是光弹性颗粒在变形条件下会发生双折射，进而产生明暗条纹[82, 84]。磁共振弹性成像技术（magnetic resonance elastography）利用颗粒受不同程度挤压呈现出不同刚度进而影响波速这一原理，也可对三维的力链网络进行观测[85]。

3. 运动相关量

受缓慢剪切的颗粒介质不能像流体一样均匀流动，而是在屈服区产生狭窄的剪切带，在远离剪切带的区域保持相对稳定。如图 1.5（g）所示，剪切带是应变局部化的直观表征，宏观滑坡、崩塌，三轴试验中应力软化等都是由于剪切带的出现造成了颗粒系统强度的降低[86]。剪切带描述的难点为在仅有 5~10 倍粒径的厚度上，线速度出现极大梯度[87]。传统 Couette 剪切流中，如图 1.4（b）所示，内环旋转，外环保持静止，剪切带出现在紧贴内环的狭窄区域中，而不受旋转速度，装置尺寸与形状等因素的影响[88-89]。环柱剪切盒将环形底部细分为两个环，内环相对外环旋转运动，可在远离内壁面位置产生较大范围的剪切带[90]，但此时，剪切带形状与颗粒堆积高度密切相关。方盒剪切模型中，上板保持完整，施加恒定压力，底板对分成左右两部分，施加反向速度，就可以避免这一问题[91]。

如图 1.5（h）所示，颗粒材料运动也有可能产生涡旋[3]。流体湍流由惯性失稳造成，发生在高剪切速度与高雷诺数条件下，对于承受剪切变形的密集颗粒体系，由于大部分空间被颗粒占据，就有可能产生垂直剪切方向的运动，正是这种空间排阻（steric exclusion），使得颗粒体系即便在缓慢剪切过程中也会产生涡旋[92]。颗粒介质的涡旋导致流线间的颗粒混掺，类似扩散过程[93]，期间引起的动量交换会增加颗粒介质的表观黏度，此外，与流体不同，颗粒的涡旋可能并非一种局域行为[61]。对于颗粒涡特征长度、密度、速度以及生存期等特征量的研究能够为解释颗粒质量、动量的传递提供新的研究思路。

颗粒材料是无序离散个体的集合，因而单个颗粒的运动无法时刻遵循整体平均运动控制下颗粒位置应产生的运动形式，这种特异性运动产生的位移即为非仿射位移（nonaffine displacement）[94]。如图 1.5（i）所示，若颗粒初始空间位置矢量为 $\boldsymbol{r}_i^0$，变形后空间位置矢量满足 $\boldsymbol{r}_i = \boldsymbol{B}_{ij}r_j^0 + \boldsymbol{\mu}_i$ 的形式，其中 $\boldsymbol{B}_{ij}$ 为任意的二阶张量，$\boldsymbol{\mu}_i$ 为任意向量，这种变形即为仿射变形，否则为非仿射变形[60]。非仿射变形体现了颗粒运动的随机性与差异性，正是这种差异造成了颗粒介质非均匀特征以及剪切带等局部化应变的出现，因而非仿射变形是颗粒介质的典型特征[72]。为研究这种局域行为，需定义颗粒尺度上的应变。如图 1.6（a）所示，参考坐标系建在参考颗粒 O 上，颗粒 C 相对颗粒 O 的矢径为 $\boldsymbol{l}_i^c$，颗粒 C 的位移为 $\boldsymbol{\mu}_i^c$，颗粒 O 的位移为 $\boldsymbol{\mu}_i$，旋转速度为 w，则考虑旋转条件下的颗粒 C 的相对位移为[95]

$$p_i^c = \boldsymbol{\mu}_i^c - \boldsymbol{\mu}_i + e_{ij3}\boldsymbol{l}_j^c w \tag{1.8}$$

其中，e_{ij3} 为符号函数，下标 3 代表 z 轴。

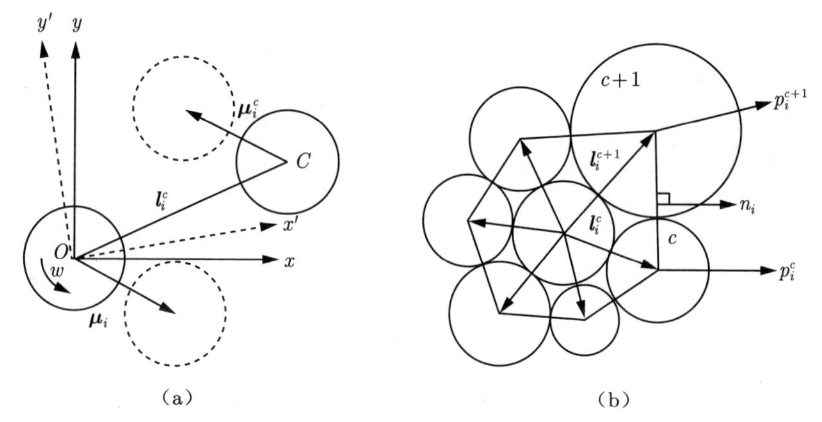

（a）　　（b）

图 1.6　非仿射应变定义

应变的定义需要在一定的域内，如图 1.6（b）所示，由 Delaunay 三角剖分构成包围参考颗粒的多面体，该多面体的表面积为 S，体积为 V，参考颗粒周围一圈颗粒集记为 B，则颗粒尺度上的应变定义为[95]

$$\varepsilon_{ij} = \frac{1}{2V}\sum_{C\in B}\left(p_i^c + p_i^{c+1}\right)e_{jk3}\left(\boldsymbol{l}_k^{c+1} - \boldsymbol{l}_k^c\right) \tag{1.9}$$

这种微观应变在大尺度平均条件下等同于宏观应变[96]。因而颗粒 C 在参考坐标下的相对运动与在应变控制下的运动差为

$$\Delta p_i^c = p_i^c - \varepsilon_{ij}\boldsymbol{l}_j^c \tag{1.10}$$

此时，非仿射应变率定义为

$$\Delta^{\varepsilon} = \frac{1}{2V}\sum_{C\in B}\left|\Delta \dot{p}_i^c\right|\left(\left|\boldsymbol{l}_i^{c+1} - \boldsymbol{l}_i^c\right| + \left|\boldsymbol{l}_i^c - \boldsymbol{l}_i^{c-1}\right|\right) \tag{1.11}$$

可以证明，颗粒在均匀单相压缩、外圈颗粒旋转、简单剪切等条件下的非仿射应变为零[60]，因而，形如式（1.11）的非仿射应变率可以很好地定量描述颗粒的非均匀变形，亦可在试验中进行测量[93]。

颗粒系统空间位置由内部颗粒的独立位移确定，可将颗粒介质视为多自由度的振动系统进行振动分析。为清楚解释多自由度振型振动分析的过程，选用两自由度无阻尼振型加以说明[97]，其振动方程的一般形式为

$$\begin{bmatrix} m_{11} & m_{12} \\ m_{21} & m_{22} \end{bmatrix}\begin{Bmatrix} \ddot{x}_1 \\ \ddot{x}_2 \end{Bmatrix}+\begin{bmatrix} k_{11} & k_{12} \\ k_{21} & k_{22} \end{bmatrix}\begin{Bmatrix} x_1 \\ x_2 \end{Bmatrix}=\begin{Bmatrix} P_1 \\ P_2 \end{Bmatrix} \tag{1.12}$$

其中，$\boldsymbol{M}$ 为质量矩阵；$\boldsymbol{K}$ 为刚度矩阵；$\boldsymbol{x}$ 为位移矢量；$\boldsymbol{P}$ 为外界扰力。当无外界扰力时，等式（1.12）右边为零向量，此时系统进行自由振动。自由振动方程组的特解为

$$\begin{Bmatrix} x_1 \\ x_2 \end{Bmatrix}=\begin{Bmatrix} a_1 \\ a_2 \end{Bmatrix}\sin(pt+\alpha) \tag{1.13}$$

其中，a_1 和 a_2 分别为振幅；p 为固有频率；α 为初相。该特解假定了在运动过程中两振体位置同时达到最大值，即同步谐振假设。将式（1.13）代入自由振动方程组中，并考虑任意时刻振动方程都应成立，则有

$$\left(\begin{bmatrix} k_{11} & k_{12} \\ k_{21} & k_{22} \end{bmatrix}-\lambda\begin{bmatrix} m_{11} & m_{12} \\ m_{21} & m_{22} \end{bmatrix}\right)\begin{Bmatrix} a_1 \\ a_2 \end{Bmatrix}=\begin{Bmatrix} 0 \\ 0 \end{Bmatrix} \tag{1.14}$$

其中，$\lambda=p^2$，将式（1.14）简记为 $\boldsymbol{Ha}=\boldsymbol{0}$，其中 $\boldsymbol{H}$ 称为特征矩阵。若振动方程有非零解，对应振幅向量 $\boldsymbol{a}$ 有非零解，需满足特征矩阵的行列式为零，即

$$\det(\lambda)=|\boldsymbol{H}|=0 \tag{1.15}$$

则可求得两个特征值 λ_1 和 λ_2，从而求出相应的固有频率 p_1 和 p_2，以及相应的特征向量 $\boldsymbol{a}_1$ 和 $\boldsymbol{a}_2$，其中最低固有频率 p_1 和振型 $\boldsymbol{a}_1$ 称为振系的基本固有频率和基本振型。在颗粒介质的低阶振动频率对应的振型中，产生较大位移的颗粒被称为软点（soft spot），如图 1.5（j）所示。若颗粒发生重排，与之对应的振动频率将消失，而在确定的应变下，低频模态往

往最先消失，因而软点往往对应不可逆变形区，即颗粒重排区[98]。从能量角度，一种模态频率对应一种能量势垒（energy barrier），颗粒重排易于发生在低能量势垒区[63]。按照振动力学理论，建立振动方程组的主要方法有：①应用动力学的基本定律，如牛顿第二定律和质心运动方程等；②应用能量原理，如拉格朗日方程等；③采用直接刚度法建立作用力方程和采用直接柔度法建立位移方程。实际计算颗粒介质软点，需求解系统总势能对颗粒位置的二阶偏导数，将求得的 Hessian 矩阵作为振动矩阵进行频谱分析，该过程中需要消除自由颗粒的影响[60]。试验中对软点的测量主要依赖协变矩阵（covariance matrix）[99]。

1.2.3　颗粒介质模拟方法

颗粒介质作为离散个体的集合，空间多尺度是其典型特点，针对研究尺度，颗粒介质的数值方法主要可以分为离散介质方法、连续介质方法和多尺度建模方法。离散介质方法数值模拟每个颗粒的运动，基于粒间的接触关系实现颗粒集合宏观力学行为的描述；连续介质方法将颗粒介质进行连续化处理，并不关注单一颗粒的运动，基于宏观的材料本构对颗粒材料的整体力学行为进行刻画；多尺度建模将连续介质方法与离散介质方法进行结合，摒弃了宏观唯象本构，通过每个高斯点独立对应的颗粒集合提取应力–应变关系，将宏、细观进行有效的关联。表 1.1 为颗粒介质数值模拟方法的总结。

表 1.1　颗粒介质数值模拟方法汇总

数值方法	离散介质方法	连续介质方法	多尺度建模
本构关系	粒间接触	唯象本构	RVE 提取
单相方法	DEM	网格方法：FEM	FEM+DEM
		无网格法：MPM、SPH	
两相方法	N–S 方程：DNS（LES）+ DEM	非牛顿/双流体模型	—
	玻耳兹曼方程：LBM + DEM	两相物质点法	
特点	精细耗时、局域分析	粗化省时、整体分析	宏–细观联系

注：DEM 为离散元法；FEM 为有限元法；MPM 为物质点法；SPH 为光滑粒子法；DNS 为直接数值模拟；LES 为大涡模拟；LBM 为格子玻耳兹曼法；RVE 为代表性体积元。

1. 离散介质方法

针对单相的颗粒介质，最直接的模拟方法为离散元法（discrete element method，DEM），基于粒间接触模型，模拟颗粒介质集合的宏观力学行为，相关的研究综述可见文献 [100] ~ 文献 [103]。分子动力学（molecular dynamics, MD）以牛顿第二定律作为颗粒介质动量控制方程，其中颗粒受力由势函数的空间梯度求得[104]。针对所研究问题，确定相应的势函数是分子动力学模拟的关键。对于颗粒介质，分子动力学模拟与离散元法模拟的基本原理相同，因而有时不加以区分[105]。

针对固、液两相，固体一般采用离散元法进行模拟，对于液相，可从控制流体平衡的纳维–斯托克斯（Navier-Stokes，N-S）方程出发，也可从控制微观粒子分布的玻耳兹曼（Boltzmann）方程出发。基于 N-S 方程，不引入任何假定发展而来的直接数值模拟（direct numerical simulation，DNS）与离散元法的耦合方法，是对固液耦合问题较为精确的模拟[106-107]。其中，流体对固体的作用力包括拖曳力、升力等，固体对流体的影响通过反作用力以及占据流场空间实现。由于直接数值模拟对网格精度要求较高，若采用粗化网格，就必须考虑小尺度涡旋对大尺度涡旋的影响，大涡模拟（large eddy simulation, LES）与离散元法的耦合方法就由此发展而来[108-109]。考虑到颗粒在流场中所占体积通过固含率反映，隐含了颗粒尺寸要小于流体网格尺寸的信息，因而，上述传统计算流体动力学方法与离散元法的耦合对较大颗粒的处理仍比较困难。粒子分布函数 $f(t,\boldsymbol{x},\boldsymbol{v})$ 表示 t 时刻位于 $\boldsymbol{x}$ 位置拥有 $\boldsymbol{v}$ 速度的粒子在单位体积内的颗粒数目，其演化方程即为 Boltzmann 方程。格子玻耳兹曼方法（lattice Boltzmann method, LBM）以玻耳兹曼方程为控制方程，宏观流态通过统计微观预先确定移动方向与大小的假想流体粒子得到。粒子移动的路径即为格子，不同的格子对应不同的离散速度[110]。基于格子玻耳兹曼方法处理固液耦合问题，浸入运动边界法比较流行[111]。该方法在流体的控制方程中，加入一种体积力进行修正，以实现无滑移边界，运动颗粒对流体的作用力可直接计算，根据作用力与反作用力原理，即可确定流体对颗粒的作用。需要指出，格子玻耳兹曼法与离散元法的耦合对于颗粒与格子的相对大小没有限制[112-113]。

2. 连续介质方法

以离散元为主的非连续介质力学方法以颗粒尺寸作为特征长度，模拟精确，物理过程清晰，但对于实际工程，如碎屑流灾害模拟，其计算规模尚无法达到工程应用的要求。百万方量级的碎屑流灾害若以真实几何尺寸的土颗粒集合进行动力重现，所需颗粒数目将以亿计，虽然采用 GPU 并行化可提高计算效率，但对于大规模计算就不可不考虑大型机群的机时耗费，数值模拟的经济性便不再明显。因而，对实际工程的模拟就需要对颗粒材料进行连续化处理，基于合理的唯象本构（多尺度建模除外），采用连续介质方法进行模拟，其中有限元法（finite element method, FEM）为传统连续介质方法的代表。经过几十年的发展，有限元原理自不必赘述，其单元的核心地位既是该方法成功的必然，亦是其缺陷所在，尤其对于碎屑流灾害，岩体在流动过程中发生大变形会引起单元畸变，降低计算精度，甚至引起计算失真和崩溃。因而，基于连续介质的无网格方法更适用于碎屑流灾害的模拟，较流行的方法为[114] 光滑粒子流体动力学方法（smoothed particle hydrodynamics, SPH）与物质点法（material point method, MPM）。光滑粒子法是最早的无网格拉格朗日粒子法之一[115]，其核心思想是将任意函数 $f(x)$ 利用核函数 $W(x-x',h)$ 在求解域 Ω 内进行核估计，其中 h 为光滑长度，表示核函数的影响域。假设空间域离散成 N 个带质量的粒子，则连续积分就可以离散为若干粒子点处加和的形式，如此就可将连续的控制方程进行空间离散。在光滑粒子法中，核函数的选择极为重要，常用的核函数有样条（spline）函数以及高斯（Gauss）函数[116]。由于光滑粒子法中并无边界的引入，因此对边界条件的处理仍相对困难。物质点法是将拉格朗日描述与欧拉描述进行统一的无网格方法，因其能够记录变形历史和适合大变形问题而被广泛关注。考虑到本书中对颗粒介质的描述正是基于物质点法，下文中会详细讨论其基本原理与发展历程，因而这里便不再赘述。

对于固–液两相，可将含水颗粒视为单相的非牛顿流体，如宾汉姆流体[117-118]，或者将颗粒也概化为流体，进而提出双流体模型[119]，但流体模型对颗粒堆积过程的办法不多。Zhang 采用一套物质点，引入水压参量，基于达西定律建立了 u-P 格式的饱和土物质点法模型[120]，其中 u 为固相位移，P 为孔隙水压力。随后发展的两相物质点法基于混合物理论，采用两套物质点分别模拟固相与液相的运动[121]。对于非饱和土，可在液相速度求解时，将固液相对速度乘以与饱和度相关的修正系数进行研究[122]。

3. 多尺度建模

从上述讨论中可以看出，离散介质方法模拟准确，但很难应用到大规模工程计算中，连续介质方法需要依赖宏观唯象本构，对微细观机理无法描述，因而颗粒介质的多尺度建模方法应运而生。以有限元与离散元进行多尺度建模为例，宏观采用有限元进行计算，每个高斯积分点对应一个颗粒集合构成的代表体积元，宏观计算得到的应变通过边界条件施加到体积元中，通过离散元计算反馈接触应力。该方法的主要优势在于不需要宏观本构，能够将宏观观测与材料的细微观机制进行有效关联，已经被推广到高阶经典连续[123] 和 Cosserat 连续介质[124] 中，被用以描述应变局部化问题[125] 和固液两相问题[126]。

1.3　主要研究内容

本书以颗粒介质为研究对象，以碎屑流灾害防治为工程背景，考虑科学性与实用性，分别从物理角度与工程角度开展研究。

物理角度：基于颗粒离散元，构建颗粒流动模型，对比颗粒不同流态下的动力学量，分析颗粒类固态–类液态转化的结构根源。

工程角度：依托物质点法，编写适合颗粒介质的大尺度模拟程序，基于唯象本构完成单相颗粒流动、流动冲击、两相饱和介质滑动等过程的模拟，此外，摒弃宏观唯象本构，尝试采用物质点法与离散元法构建颗粒介质的多尺度建模框架。

第 2 章　颗粒流介尺度分析

颗粒介质可以类似固体保持相对稳定，也可类似流体发生流动，甚至是类似气体产生剧烈碰撞[127]，因而颗粒所处流态常被分为准静态区、慢速流区和快速流区[55]，过往研究集中于准静态流区与快速流区。准静态流区的典型特点是率无关性[128]，颗粒之间相互挤压形成不均匀的力链网络[65]，快速流区的动量传递主要依靠两体间的碰撞，应力正比于变形率的平方[129]，在慢速流区，颗粒接触与碰撞同时影响颗粒运动[51]，增加了问题的复杂性。纵使颗粒宏观表现出复杂的力学行为，但在颗粒尺度上，两体间的相互作用满足基本的接触关系[130]。此外，从能量角度，外界的输入功部分通过热量耗散，其余转化为动能或者势能，宏观行为必与能量转化相匹配。构建基于离散体系的流动模型，深入分析不同流态下动力学量差异的内在机理，特别从能量角度探究流态区分，将为理解颗粒宏观行为的物理本质提供帮助。

针对碎屑流等灾害，颗粒介质从类固态向类液态转化，暂不考虑类气态的行为，从稳定结构体到发生流动，内在细观结构如何变化？剪切带等宏观表征能否与某些特定细观结构建立联系？从当前状态量，如何对颗粒运动进行预言，特别是预估应变局部化行为？回答这些问题，便需要对颗粒结构进行研究，寻找结构特征量并研究其时空演化。需要指出，对于剪切模型，流态分析的对象是不同剪切速率下流动稳恒阶段的动力学量，而在特定剪切速率下，从剪切启动到稳定阶段正对应宏观剪切带的孕育到发展过程，这为关联细观结构与宏观应变局部化行为提供了可能。

本章首先简述离散元的基本算法，其中重点阐述了颗粒间的接触本构，其次介绍研究颗粒流态与结构分析的流动模型，以基于统计得到的宏观颗粒介质本构关系作为模型验证，分别分析了流动稳定阶段不同流态下动力学量的差异以及特定存在宏观剪切带的流态下，细观结构的时空演化过程，并尝试建立特征结构量与其他动力学参数的关联，探究预言颗粒运动的可能。本书中，矢量符号以黑斜体表示。

2.1 离散元算法与流动模型的构建

2.1.1 运动控制与接触本构

颗粒离散元研究颗粒受力，以广义牛顿第二定律作为运动方程对颗粒轨迹进行更新，实现对颗粒体系的模拟。模拟过程以颗粒为研究尺度，没有引入任何均化假设，能够捕捉到颗粒集合任意的局部化行为与动力学不均匀性。离散元算法虽然相对成熟，但鉴于本书完整性，仍需简述其基本算法。

如图 2.1 所示，球心位置分别为 O_1 和 O_2 的两个颗粒，半径分别为 R_1 和 R_2，平动速度分为 $\boldsymbol{v}_1$ 和 $\boldsymbol{v}_2$，转动速度分别为 $\boldsymbol{\omega}_1$ 和 $\boldsymbol{\omega}_2$。如果球心距离满足

$$|\boldsymbol{O}_1\boldsymbol{O}_2| \leqslant R_1 + R_2 \tag{2.1}$$

则颗粒间存在接触, 接触法向为沿球心连线的单位矢量, 即

$$\boldsymbol{n} = \frac{\boldsymbol{O}_1\boldsymbol{O}_2}{|\boldsymbol{O}_1\boldsymbol{O}_2|} \tag{2.2}$$

接触点 C 的位置矢量定义为颗粒重叠中心位置，即

$$\boldsymbol{OC} = \boldsymbol{OO}_1 + \frac{1}{2}\left(R_1 - R_2 + |\boldsymbol{O}_1\boldsymbol{O}_2|\right)\boldsymbol{n} \tag{2.3}$$

两颗粒在接触点的相对速度为

$$\Delta\boldsymbol{v}^{\mathrm{c}} = \boldsymbol{v}_1^{\mathrm{c}} - \boldsymbol{v}_2^{\mathrm{c}} = \boldsymbol{v}_1 - \boldsymbol{v}_2 + \boldsymbol{\omega}_1 \times R_1\boldsymbol{n} + \boldsymbol{\omega}_2 \times R_2\boldsymbol{n} \tag{2.4}$$

此时，接触的切向矢量为

$$\boldsymbol{t} = \frac{\Delta\boldsymbol{v}^{\mathrm{c}} - (\Delta\boldsymbol{v}^{\mathrm{c}} \cdot \boldsymbol{n})\,\boldsymbol{n}}{|\Delta\boldsymbol{v}^{\mathrm{c}} - (\Delta\boldsymbol{v}^{\mathrm{c}} \cdot \boldsymbol{n})\,\boldsymbol{n}|} \tag{2.5}$$

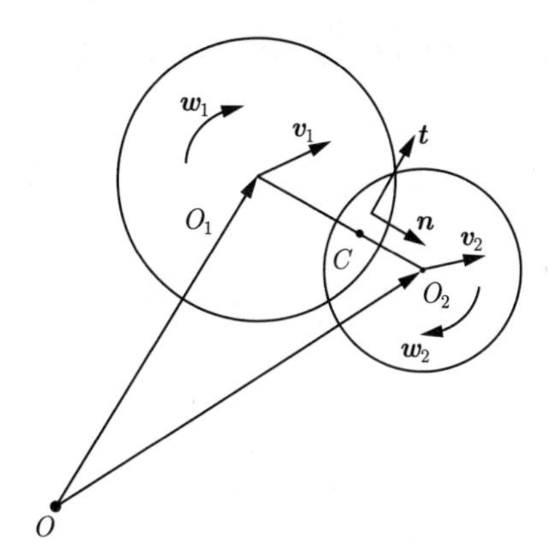

图 2.1　颗粒离散元接触判断

颗粒接触本构描述粒间接触力与颗粒相对位置的关系，从法向、切向、是否含有阻尼、有无黏性等角度发展了诸多模型 [100-102]，但从能量角度以及合理性上分析，现阶段赫兹–梅德灵（Hertz-Mindlin）模型较为流行 [129-132]，其法向与切向力表达分别为

$$f_{\mathrm{n}} = -k_{\mathrm{n}}\delta_{\mathrm{n}}^{3/2} - \eta_{\mathrm{n}}\delta_{\mathrm{n}}^{1/4}\dot{\boldsymbol{\delta}}_{\mathrm{n}} \tag{2.6}$$

$$f_{\mathrm{s}} = \min\left(-k_{\mathrm{t}}\delta_{\mathrm{n}}^{1/2}\delta_{\mathrm{t}} - \eta_{\mathrm{t}}\delta_{\mathrm{n}}^{1/4}\dot{\boldsymbol{\delta}}_{\mathrm{t}},\ \mu F_{\mathrm{n}}\right) \tag{2.7}$$

其中，k_{n} 为法向接触力；δ_{n} 与 δ_{t} 分别为法向重叠量与切向重叠量；$\dot{\boldsymbol{\delta}}_{\mathrm{n}}$ 与 $\dot{\boldsymbol{\delta}}_{\mathrm{t}}$ 分别为法向与切向变形率；μ 为动摩擦系数；η_{n} 与 η_{t} 分别为法向与切向阻尼。方程（2.6）与方程（2.7）中各参数的表达式总结如表 2.1 所示，其中下标 1 和下标 2 分别对应接触的两球，E_i、ν_i、m_i 和 R_i 分别为第 i 个球的弹性模量、泊松比、质量与半径，此外，法向和切向阻尼均与阻尼系数 α 相关，α 的表达式为

$$\alpha(\varepsilon) = \frac{-\sqrt{5}\ln\varepsilon}{\sqrt{\ln^2\varepsilon + \pi^2}} \tag{2.8}$$

其中，ε 为恢复系数。

至此，即可得到颗粒 1 受到的作用力与力矩，分别为

$$\begin{cases} \boldsymbol{f} = f_{\mathrm{n}}\boldsymbol{n} + f_{\mathrm{s}}\boldsymbol{t} \\ \boldsymbol{M} = \boldsymbol{n} \times f_{\mathrm{s}}\boldsymbol{t} \end{cases} \tag{2.9}$$

因此颗粒的运动信息即可根据牛顿第二定律进行更新。本书中所有离散元的计算均基于开源软件 YADE[133]，该软件由法国 3SR 实验室开发，以 C ++语言为开发语言，PYTHON 为交互语言，已被广泛应用到颗粒介质离散建模中[134-137]。

表 2.1　方程（2.6）与方程（2.7）中阻尼与刚度的表达式

变量	表达式
k_n	$4\sqrt{R_{\text{eff}}}E_{\text{eff}}/3$
k_t	$8\sqrt{R_{\text{eff}}}G_{\text{eff}}$
η_n	$\alpha\sqrt{m_{\text{eff}}k_{\text{n}}}$
η_t	$\alpha\sqrt{m_{\text{eff}}k_{\text{t}}}$
R_{eff}	$(1/R_1+1/R_2)^{-1}$
E_{eff}	$\left[\left(1-\nu_1^2\right)/E_1+\left(1-\nu_2^2\right)/E_2\right]^{-1}$
G_{eff}	$[2\left(1+\nu_1\right)\left(2-\nu_1\right)/E_1+2\left(1+\nu_2\right)\left(2-\nu_2\right)/E_2]^{-1}$
m_{eff}	$(1/m_1+1/m_2)^{-1}$

2.1.2　流动模型的构建

构建合理的流动模型是进行颗粒流态与结构分析的关键，第 1 章已对常见的流动模型进行了总结，按照宏观可测、易于统计、关注问题核心而非复杂边界影响的原则，选择平板剪切模型。平板剪切模型分为体积恒定与压力恒定两种边界：固定体积条件下，剪切板垂向保持不动，增加剪切速率，上板所受压力增加，可以通过改变体积分数，研究颗粒介质不同流态的力学行为[55]；固定压力条件下，上板为伺服边界，可发生垂直方向的运动，以保证剪切过程中垂向压力恒定，通过改变剪切板速度改变颗粒所处流态。考虑到在固定压力边界条件下，颗粒若受到低围压高剪切速度作用，在剪切板下部会出现宏观剪切带[56]，这为细观结构分析提供了宏观结构参照。基于上述考虑，采用固定压力条件下的平板剪切模型进行流态与结构分析，所建物理模型如图 2.2 所示。

图 2.2 中约 15 000 个双粒径球形颗粒被上下剪切板限定在一立方区域内，大小粒径比为 1:1.3，数量比为 1:1，剪切板由规则排布的颗粒黏结得到，剪切板颗粒粒径为 1.5 倍最小粒径，模型采用双分散颗粒以避免剪切过程中出现晶状结构[29]。上剪切板垂直方向通过伺服控制，保证施加

恒定压力，其垂向速度为

$$v_z = \min\left[v_{\max},\ (P - P_{\rm w})\,\eta\right] \tag{2.10}$$

其中，$v_{\max}$ 为预设的最大速度；η 为黏滞阻尼系数；$P_{\rm w}$ 为剪切板受到的压力，稳定阶段下，$P_{\rm w}=P$。x 方向和 y 方向为周期边界，以保证质量守恒。初始生成的稀疏颗粒被上剪切板施加的围压限定在 $L_x \times L_y \times L_z$ 的立方区域内，待垂向压力稳定，上板沿 y 方向以固定速度 v 运动，而下板始终保持位移全约束。模拟时步设定为 $0.3\Delta t^{\rm p}/|\gamma|$，其中 $\Delta t^{\rm p}$ 为 P 波波速传播一个粒径所需的时间，$\gamma = v/L_z$ 定义为表观剪切速率，$|\cdot|$ 为取模运算。整个计算过程不考虑重力，粒间接触采用 2.1.1 节讨论的 Hertz-Mindlin 模型，数值模型参数如表 2.2 所示。

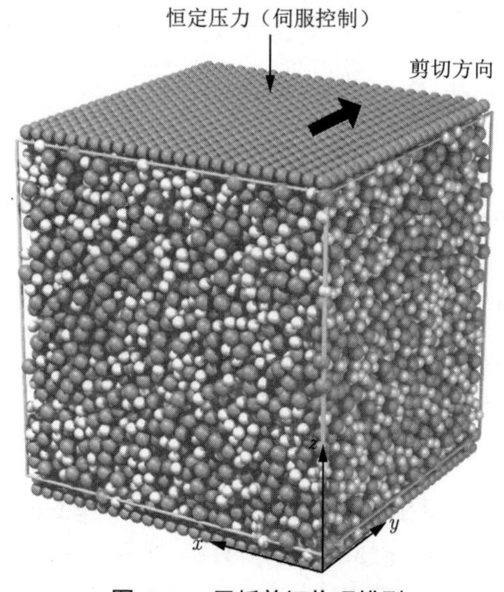

图 2.2 平板剪切物理模型

当剪切板以恒定速度进行剪切时，动力学指标随着剪切进行从初始值逐渐变为稳定，对于不同流态下动力学量的对比是针对稳定阶段的动力学量，而结构分析是研究特定剪切速率下，剪切过程中结构指标的时空演化。考虑到剪切板施加恒定围压，是否达到稳定阶段通过剪切板受到的切应力进行判断，这一标准亦是剪切板表观有效摩擦系数的度量。

表 2.2 平板剪切数值模型中的材料参数

变量	物理意义	取值
d	颗粒最小粒径	0.007 m
L_x, L_y, L_z	试样长、宽、高	0.2 m, 0.2 m, 0.2 m
$v_{\max}$	剪切板垂向最大速度	0.1 m/s
P	固定围压	10 kPa
η	式（2.10）中黏滞阻尼	0.1
E	颗粒弹性模量	100 MPa
μ	粒间摩擦系数	0.5
ν	颗粒泊松比	0.15
ρ	颗粒密度	1000 kg/m^3
γ	表观剪切速率	0.01$\sim$ 100 s^{-1}
$\varepsilon_{\rm n}$	法向恢复系数	0.9
$\varepsilon_{\rm t}$	切向恢复系数	0.9

2.1.3 数值模型验证

第 1 章中介绍了采用统计方法，基于无量纲数构建宏观颗粒介质统一本构。本节利用指数型的膨胀定律和存在双极值的摩擦定律作为流动模型的验证。

1. 膨胀定律

图 2.3 中，横轴为惯性数，空心圆圈代表体积分数，实线为惯性数 I 与体积分数 ϕ 指数型拟合曲线，其拟合公式为

$$\phi = \phi_0 - aI^b \tag{2.11}$$

其中，ϕ_0 为 $\boldsymbol{\gamma} \to 0$ 时的体积分数，此例中，$\phi_0 = 0.655, a = 0.041, b = 0.519$。文献 [30] 中，膨胀定律亦满足指数型，其中 $a = 0.11, b = 0.56 \pm 0.02$，拟合参数的差异性来自颗粒材料、级配分布以及边界条件。需要指出，$b < 1$ 说明体积分数随着惯性数的增加，减小的速率变小，并逐渐趋于恒定，这与文献 [28] 的研究结果相悖，究其原因应为模拟维数的不同造成了颗粒运动的不同形式，进而影响颗粒集合的体积分数，比如，在二维情况下，影响切应力的角速度分布表现出强各向异性，而在三维情况下，角速度分布更显各向同性。考虑到配位数 Z 是表征颗粒堆积的一个常用结构指标，图 2.3 中实心方框表示配位数与惯性数的关系，可以看出，配位

数起初随剪切速率的增加而减小，但在高剪切速率情况下不再发生变化。这与高剪切速率情况下形成宏观剪切带，剪切速率的变化不再影响剪切带下方颗粒有关。综上可以看出，体积分数与配位数均先减小后不变。

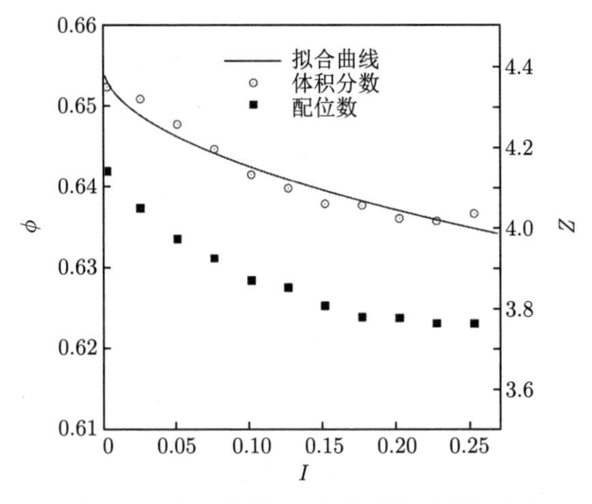

图 2.3　体积分数与配位数随惯性数的变化

为更深入地对比不同剪切速率下体积分数的时间演化，图 2.4 绘制了在剪切起始阶段，$\gamma t < 4$，不同剪切速度下体积分数的变化。可以看出，对于任意剪切速率，体积分数均先减小后增大，对应颗粒体系先膨胀后收缩，这应与上层剪切板受到的作用力相关。

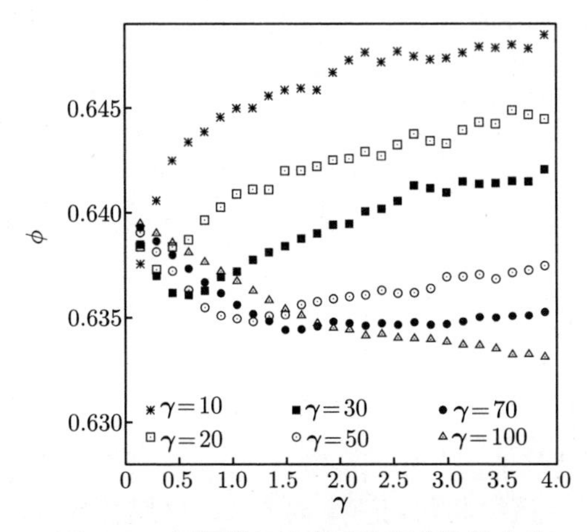

图 2.4　不同剪切速率下体积分数的变化

如图 2.5 所示，t_0 时刻围压达到稳定，剪切板施加剪切速度 v。这时，颗粒 2 与颗粒 3 间存在孔隙，颗粒堆积仍相对稀疏，颗粒 1 与颗粒 3 间的作用力并不能保证平行于剪切速度施加方向，所以在剪切启动过程中，颗粒 1 受到垂向分力，使其沿 z 轴正向移动，此时对应膨胀过程，当到达 t_1 时刻，剪切板与下层颗粒完全无接触，施加的法向作用力迫使剪切板沿 z 轴负向移动，对应收缩过程，在剪切板上下运动几次后，在 t_2 时刻达到稳定，颗粒间孔隙大小由于颗粒相互作用引起的重排而变小，剪切速率越大，Δz 越大，对应图 2.4 中，膨胀与收缩的临界剪应变也越大。

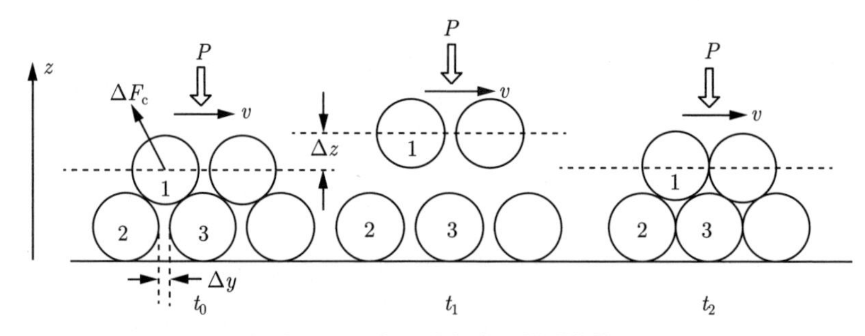

图 2.5 体积分数变化微观解释

2. 摩擦定律

摩擦定律表征了有效摩擦系数与惯性数的关系，在固定压力条件下，摩擦定律亦表征了剪应力在不同流态下的变化，因而被用于构建颗粒体系的宏观本构。2006 年《自然》（*Nature*）杂志文章中，以存在双极值的摩擦定律为基础，提出了描述颗粒介质多流态的统一本构关系[31]。图 2.6 表示了本书中有效摩擦系数与惯性数之间的关系。主图 x 轴为对数坐标，插图 x 轴为常规坐标，可以看出，有效摩擦系数亦满足如下形式：

$$\mu_{\text{eff}}(I) = \mu_1 + \frac{\mu_2 - \mu_1}{I_0/I + 1} \tag{2.12}$$

其中，μ_1、μ_2 以及 I_0 均为常数，当 $I \to 0$ 时，$\mu_{\text{eff}} = \mu_1$，当 $I \to \infty$ 时，$\mu_{\text{eff}} = \mu_2$，其物理解释为：有效摩擦系数在准静态区与快速流区与剪切速率无关，仅在慢速流区与剪切速率相关，因而惯性数可以作为流态划分。此例中，$\mu_1 = 0.35$，$\mu_2 = 0.58$。需要指出，有效摩擦系数存在极小值体现了颗粒材料整体的摩擦行为，这与颗粒无序排布相关，而与颗粒个体是否粗糙无关，对于完全光滑的颗粒体系，其宏观表现的有效摩擦系数亦非零[29]，如此可以直观看出颗粒材料由于空间多尺度而表现出的复杂性。

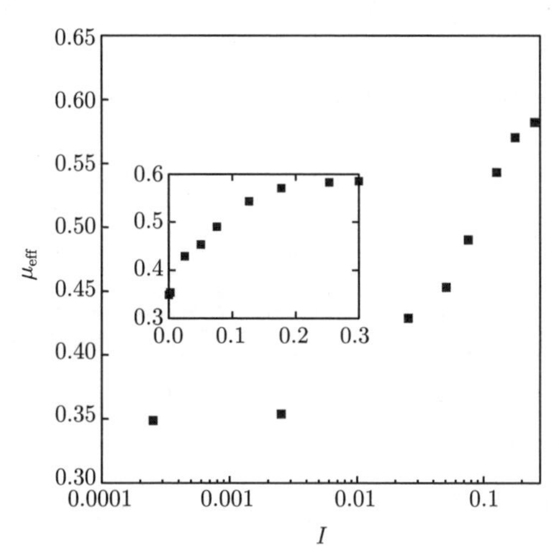

图 2.6　有效摩擦系数随惯性数的变化

作为拓展，现阶段较流行的颗粒介质的统一本构中应力表达式为[31]

$$\sigma_{ij} = -P\delta_{ij} + \tau_{ij} \tag{2.13}$$

其中，P 为压力；$\tau_{ij} = \eta\gamma_{ij}$ 为剪应力，$\eta = \mu(I)P/|\gamma|$ 为黏性，$|\gamma| = \sqrt{\gamma_{ij}\gamma_{ij}/2}$ 为变形率张量 γ_{ij} 的第二不变量。当剪切速率趋于零时，剪应力将发散，因而需要根据摩擦定律设定切应力的阈值 $|\tau| > \mu_1 P$。如此，基于统计得出的颗粒流变关系，称为 μ-I 流变或 MiDi 流变，并以此发展了许多模型，如采用 MiDi 流变进行塑性修正[138] 以及采用弹性失稳与 MiDi 流变建立基于应变的屈服面[139] 等。

构建颗粒介质跨流态统一本构是颗粒研究的重要方向，但不是本书的研究重点，本书只采用构建的数值模型满足双极值的有效摩擦系数表达和满足指数型的膨胀定律，以验证数值模型中边界施加、模型构建等方面的有效性。

2.2 不同流态下动力学参数对比

颗粒介质在不同流态下的动量传递方式、变形均匀性、能量存储形式等各不相同，因而，对比不同流态下力链网络、线/角速度分布、能量均值与涨落等动力学量，对于深化理解颗粒流态所对应的物理现象具有十分重要的意义。

2.2.1 力链网络

颗粒介质的离散特性决定了每个颗粒只能与有限个其他颗粒相互作用。在密集排布条件下，外界载荷通过颗粒相互挤压形成力链网络进行传递，当外界载荷发生变化，粒间接触关系发生调整，将形成与更新外力相匹配的新的力链网络。图 2.7 为不同剪切速率下，$\gamma = 0.01\ \mathrm{s}^{-1}$ 和 $1\ \mathrm{s}^{-1}$ 时，剪切稳定阶段某一瞬时力链网络的对比，可以看出主力链沿着系统最大压应力方向，细观尺度上力链分布不均匀，且剪切速率越高力链网络越稀疏，强力链数目与持续时间越短。

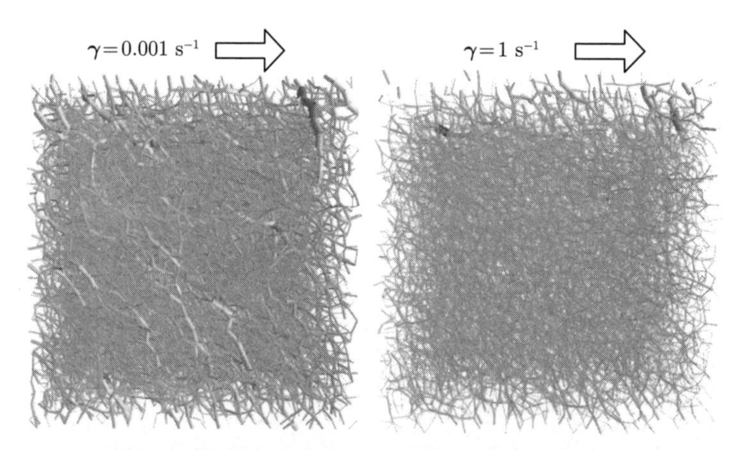

图 2.7 不同剪切速率下剪切稳定阶段某一瞬时力链网络的对比（见文前彩图）

力链管径与颜色满足相同比例

由于外界围压保持恒定，通过力链传递的作用力较小时，较多的动量将由颗粒碰撞进行传递。与两种动量传递形式相对应，颗粒介质的宏观应力可分为动应力与接触应力[47]：

$$\sigma_{ij} = \sigma_{ij}^{c} + \sigma_{ij}^{k} \tag{2.14}$$

其中，σ_{ij}^{c} 与 σ_{ij}^{k} 分别为接触应力与动应力，其表达式分别为

$$\sigma_{ij}^{c} = \frac{1}{V}\sum_{k=1}^{N_{\mathrm{p}}}\sum_{l=1}^{N_k}\left(\boldsymbol{r}_i^{lk}\boldsymbol{F}_j^{kl}\right) \tag{2.15}$$

$$\sigma_{ij}^{k} = \frac{1}{V}\sum_{k=1}^{N_{\mathrm{p}}} m^k \langle v_i'^k v_j'^k \rangle \tag{2.16}$$

其中，V 为体系体积；N_{p} 为颗粒个数；N_k 为颗粒 k 的接触数目；$\boldsymbol{r}_i^{lk}$ 为与颗粒 k 有接触的颗粒 l 与颗粒 k 的球心连线的空间矢量；$\boldsymbol{F}_j^{lk}$ 为颗粒 l 施加到颗粒 k 上的作用力矢量；$v_i'^k$ 为颗粒脉动速度；m^k 为颗粒 k 的质量；$\langle\cdot\rangle$ 为系综平均操作符。随着剪切速度增加，颗粒脉动速度增加，因而动应力增加，相应的接触应力减小，对应较弱的力链网络。

图 2.8 为 z 方向上不同剪切速度的应力构成，可以看出，在低剪切速率条件下，动应力很小，外界载荷基本与接触应力相平衡，随着剪切速度增加，动应力增加而接触应力减小，但高剪切速度条件下会产生剪切带，此时，增加剪切速度只能影响剪切带上层颗粒，而对剪切带下层颗粒没有影响，因而接触应力应存在极小值，此例中约为 6 kPa。

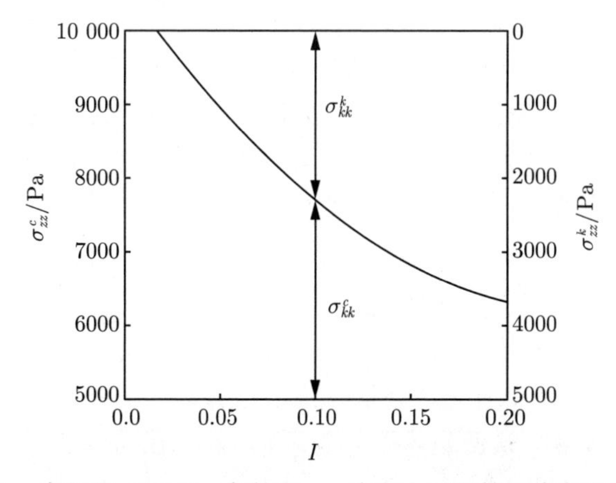

图 2.8　在围压 10 kPa 条件下，z 方向上不同剪切速度的应力构成

2.2.2 速度分布

颗粒所处流态不同，对应不同的速度剖面，可据此观察颗粒集合变形是否均匀，是否存在应变局部化等行为。将研究域沿 z 轴划分为 10 层，每层层高 $\Delta z = 0.2$ cm，第 k 个颗粒对第 n 层的线速度贡献，以该颗粒在该层中的剖分体积为权重[132]，类似地，角速度以转动惯量为权重，如此，第 n 层样本的平均线速度与平均角速度矢量分别为

$$\begin{cases} \boldsymbol{v}^n = \dfrac{1}{N_\tau}\sum\limits_{\tau=1}^{N_\tau}\dfrac{\sum\limits_{k=1}^{N_\mathrm{p}}\boldsymbol{v}_{\tau k}^n V_{\tau k}^n}{\sum\limits_{k=1}^{N_\mathrm{p}}V_{\tau k}^n} \\ \boldsymbol{\omega}^n = \dfrac{1}{N_\tau}\sum\limits_{\tau=1}^{N_\tau}\dfrac{\sum\limits_{k=1}^{N_\mathrm{p}}\boldsymbol{\omega}_{\tau k}^n J_{\tau k}^n}{\sum\limits_{k=1}^{N_\mathrm{p}}J_{\tau k}^n} \end{cases} \tag{2.17}$$

其中，τ 为总时步为 N_τ 中的第 τ 步；k 为对第 n 层有速度贡献的第 k 个颗粒，该颗粒在该层中的剖分球体积为 $V_{\tau k}^n$；$\boldsymbol{v}_{\tau k}^n$ 为第 k 个颗粒在第 τ 步的线速度；相应地，$\boldsymbol{\omega}_{\tau k}^n$ 为角速度；$J_{\tau k}^n$ 为转动惯量。

图 2.9 为无量纲的切向速度与无量纲高度表示的线速度剖面，其中横轴 v_y/v_{y0} 为无量纲剪切速度，纵轴 z/H 为无量纲高度，可以看出在低剪切速率条件下，如 $\boldsymbol{\gamma} = 0.001\ \mathrm{s}^{-1}$ 和 $\boldsymbol{\gamma} = 0.01\ \mathrm{s}^{-1}$，颗粒速度剖面为近似直线，此时，颗粒体系类似固体[57]，整体变形，在高剪切速率条件下，如 $\boldsymbol{\gamma} = 0.1\ \mathrm{s}^{-1}$ 和 $\boldsymbol{\gamma} = 1\ \mathrm{s}^{-1}$，剪切剖面在近剪切板附近出现较高的速度梯度，此时，体系类似流体[57]，存在宏观剪切带。将 $v_y/v_{y0} = 0.2$ 处与剪切板间的距离定义为剪切带厚度 L_w，其中 v_{y0} 为剪切板速度，如图 2.9 中插图所示，剪切速率越高，剪切带厚度越小，且满足 $L_w \propto \boldsymbol{\gamma}^{-1/2}$ 的形式[140]。因而，之前将剪切速率定义为 $\boldsymbol{\gamma} = v_{y0}/L_z$ 的形式，对于类固态剪切模式合理，对于类流态，需考虑应变局部化行为，剪切速率应修正为 $\boldsymbol{\gamma}^* = \boldsymbol{\gamma} L_z/L_w$。一旦出现剪切带，增加剪切速率便不会对剪切带下层颗粒产生任何影响，这便是体积分数、配位数等在高剪切速率下保持恒定的原因。

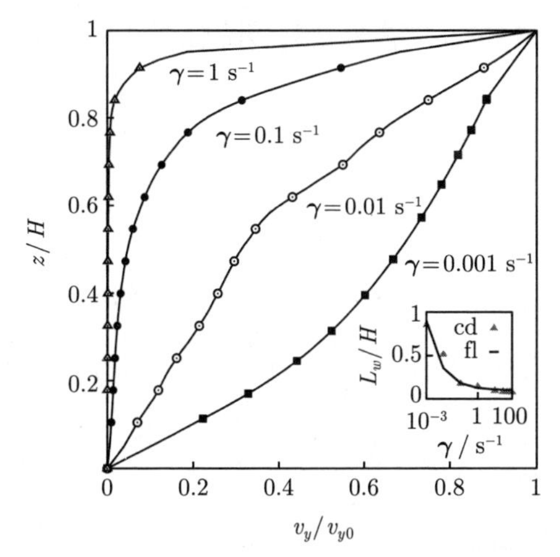

图 2.9　稳定阶段不同剪切速率的线速度剖面

插图为剪切速度与无量纲化后的剪切带厚度之间的关系，cd 代表计算数据（computational data），fl 代表拟合曲线（fitting line）

为了更深入地研究剪切带的动力学指标，图 2.10 表示颗粒在 y-z 平面的转动速度 ω_x。可以看出在高剪切速率下，如 $\gamma = 1\ \mathrm{s}^{-1}$，最大的角速度出现在近剪切板位置，且角速度剖面保持相对稳定，当剪切速率较小时，如 $\gamma = 0.01\ \mathrm{s}^{-1}$，角速度剖面分布不稳定，且无明显指向，对应无剪切带出现。因而，角速度亦是宏观剪切带的动力学指标。在图 2.10 中，右上插图为最大角速度与剪切速率的关系，可以看出，随着剪切速率增加，最大角速度增加；右下插图为 $\gamma = 10\ \mathrm{s}^{-1}$ 时某一瞬时不同高度颗粒角速度分布，可以看出，对于每个颗粒而言，其角速度可正可负，但其平均角速度为负，此例为 -3 rad/s，且大量颗粒的角速度大于平均角速度，由此可以看出颗粒作为散体系统的无序以及作为宏观材料的有序。

2.2.3　能量特性

纵使颗粒介质宏观表现出复杂的力学行为，但在微观尺度上颗粒运动与粒间相互作用满足能量守恒[141]。外界功部分通过热量耗散，其余转化为颗粒动能或势能，当外界输入功率与能量耗散功率达到平衡时，系统的总内能保持不变，颗粒体系达到非平衡的稳定状态。对颗粒介质能量转化进行研究，将为理解颗粒体系复杂力学行为提供新的思路，目前，从能量角度理解颗粒流态的研究尚处于起步阶段[2]。

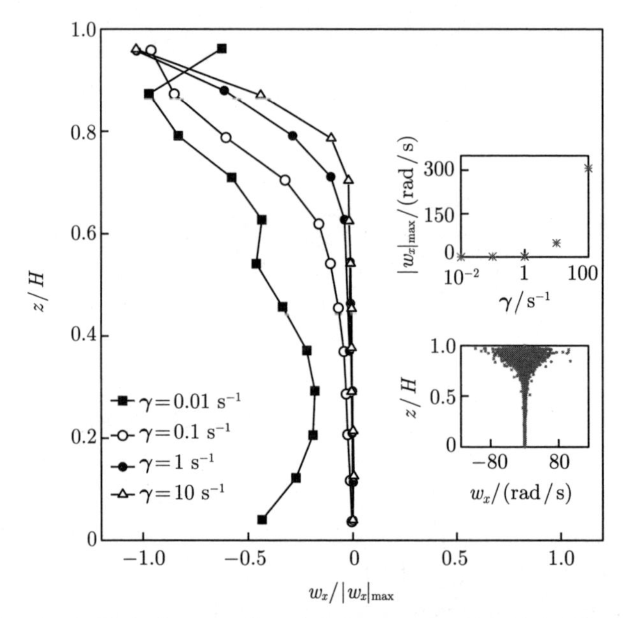

图 2.10 稳定阶段不同剪切速度的 y-z 平面的角速度剖面分布

插图自上而下分别为剪切速率与最大角度的关系，剪切速度为 10 s^{-1} 时不同高度的颗粒角速度

颗粒体系的动能与势能密度分别为

$$e_{\mathrm{k}} = \frac{1}{2V}\sum_{k=1}^{N_{\mathrm{p}}}\left(m^k v_i^k v_i^k + J^k \omega_i^k \omega_i^k\right) \tag{2.18}$$

$$e_{\mathrm{c}} = \frac{1}{2V}\sum_{c=1}^{N_{\mathrm{c}}}\left(k_n \delta_n^{5/2} + k_s \delta_s^2\right) \tag{2.19}$$

其中，V 为计算域的体积；N_{p} 为颗粒数目；m^k 和 J^k 分别为第 k 个颗粒的质量与转动惯量；N_{c} 为接触数目；其余符号约定与前文相同，需要指出，由于粒间接触的法向采用赫兹（Hertzian）接触理论，因而弹性能密度正比于法向重叠量的 2.5 倍。将动能与势能密度进行时间系综，则有

$$\begin{cases} e_{\mathrm{k}} = \langle e_{\mathrm{k}}\rangle + e_{\mathrm{k}}' \\ e_{\mathrm{c}} = \langle e_{\mathrm{c}}\rangle + e_{\mathrm{c}}' \end{cases} \tag{2.20}$$

其中

$$
\begin{cases}
\langle e_{\mathrm{k}} \rangle = \dfrac{1}{N_\tau} \displaystyle\sum_{\tau=1}^{N_\tau} e_{\mathrm{k}}^{\tau} \\
\langle e_{\mathrm{c}} \rangle = \dfrac{1}{N_\tau} \displaystyle\sum_{\tau=1}^{N_\tau} e_{\mathrm{c}}^{\tau}
\end{cases}
\tag{2.21}
$$

其中，N_τ 为时步数。

图 2.11 为不同能量密度与惯性数的关系，其中误差线表示时间涨落量，实线连接时均能量值。可以看出，随着惯性数增加，动能不断增加，势能不断减小，而能量涨落均增加，在准静态区，弹性势能占主要地位，而在快速流区，动能能量较大。

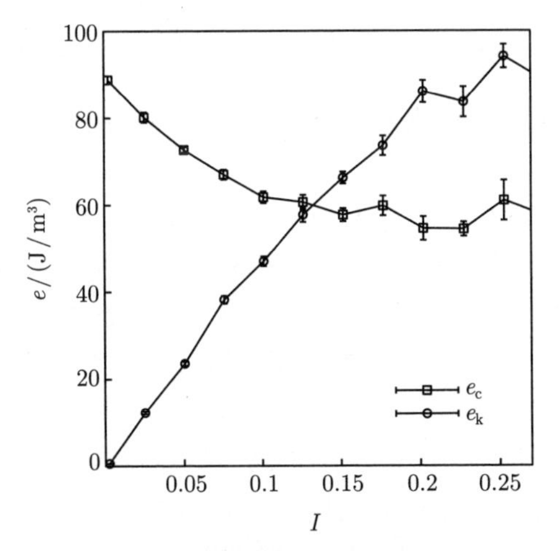

图 2.11　能量密度与惯性数的关系

图 2.12 表示的是平均动能与平均势能的比值与惯性数、有效摩擦系数间的相对关系。可以看出，在惯性数 $I < 0.2$ 时，能量比与惯性数线性相关，当惯性数足够大，类似配位数、体积分数时，能量比亦保持恒定，类似地，如式（2.12）所示，有效摩擦系数在高剪切速度下也会达到饱和值 μ_2。因而在不同流态下，能量的主要存储方式不同，能量比可作为流态划分的指标[13]。

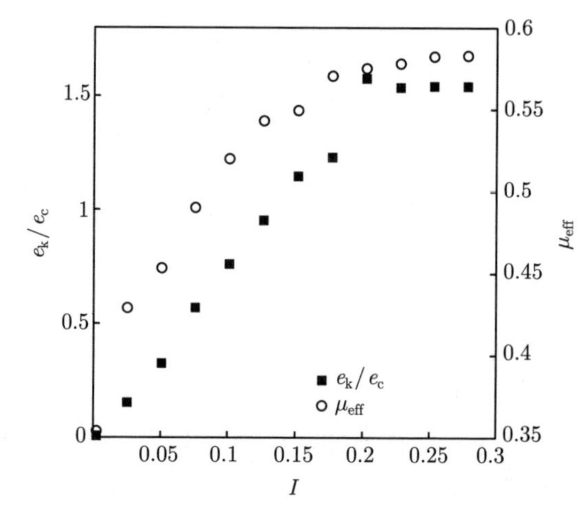

图 2.12　能量比与有效摩擦系数、惯性数间的相对关系

2.3　特定流态下剪切过程结构量的时空演化

颗粒介质的宏观力学行为与颗粒构型密切相关，在类固态向类液态的转变过程中，力学行为的改变应与内在颗粒结构的变化相对应。从当前颗粒排布状态预言颗粒运动，估计应变软化是否发生，并将颗粒宏观行为与细观结构进行关联，对于灾害预测具有十分重要的现实意义。第 1 章中介绍了进行颗粒介质结构分析的若干工具，如配位数、对关联函数、非仿射位移和软点等。为了获得更多的结构指标以寻找结构特征量，本节将基于空间剖分，分析颗粒介观结构，首先介绍两种剖分格式，并明确研究过程为特定流态下剪切全过程；其次，基于空间剖分得到的结构量的整体与空间分布的演化过程进行结构分析，寻找结构特征量，并与宏观剪切带等建立联系；最后，提出结构单元的构想。

2.3.1　剖分格式与研究过程

颗粒介质空间剖分是将颗粒构成的空间采用某种规则剖分成有限数量个多面体，从某种意义上，空间剖分可以确定各颗粒的直接影响域。如图 2.13 所示，主要有两种剖分格式：Voronoi 剖分（Voronoi tessellation）与自由基剖分（radical tessellation）。Voronoi 剖分的剖分面是两球球心连线的平分面，因而只需考虑球心坐标。自由基剖分的剖分面由到两球切线距离相等的点的集合构成，附录 A 中证明了到两球切线距离相等的点构成一个平面，且两球球心连线垂直于该平面。在自由基剖分中，需要考虑颗粒球心与粒径。如图 2.13（c）所示，对于两种粒径的颗粒相互接触的情况，由于 Voronoi 剖分只关心球心位置，没有考虑颗粒粒径，其剖分面就会将大球进行切割，而非通过接触点，而自由基剖分就能有效地避免这一问题。因而可以看出，Voronoi 剖分只适用于均一粒径的颗粒介质，而自由基剖分对于均匀粒径分布及多粒径分布均有效。考虑到本书中平板剪切数值模型采用的是双分散颗粒，因而只能采用自由基剖分，这里，剖分工具采用的是 UC Berkeley 开发的剖分开源代码 Voro ++[142]。

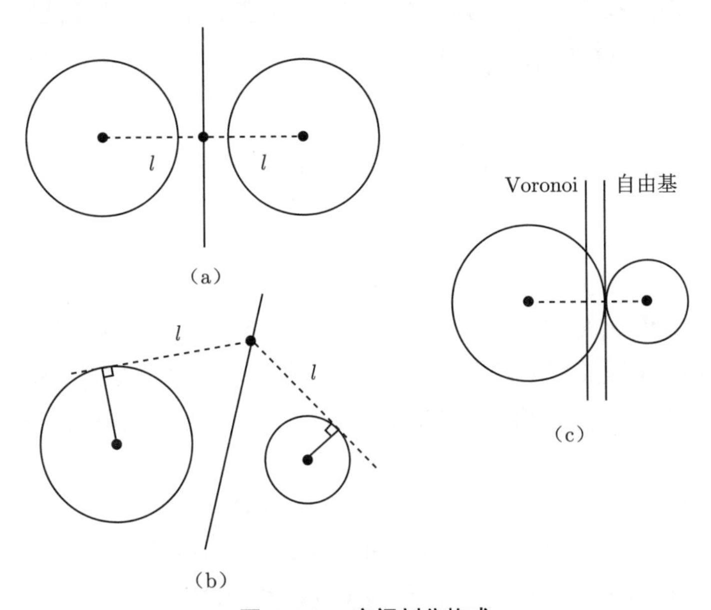

图 2.13　空间剖分格式

（a）Voronoi 剖分；（b）自由基剖分；（c）双粒径条件下，两种剖分格式对比

图 2.14 表示了平板剪切模型中，某一瞬时两剪切板之间分析域的自由基剖分结果，其中，颗粒颜色的不同代表了粒径的不同。图 2.14（b）为局部放大图，可以看出，由于剖分面相互交叉，每个颗粒被包裹在一个独属的多面体中，多面体的各个面由如图所示的三边形、四边形、五边形和六边形构成，因而便可获得与多面体相关联的诸多结构指标，如多面体

面数、边数，各面中特定多变形比例等拓扑量以及多面体体积、表面积、边长、体积分数、面积分数等尺寸量。

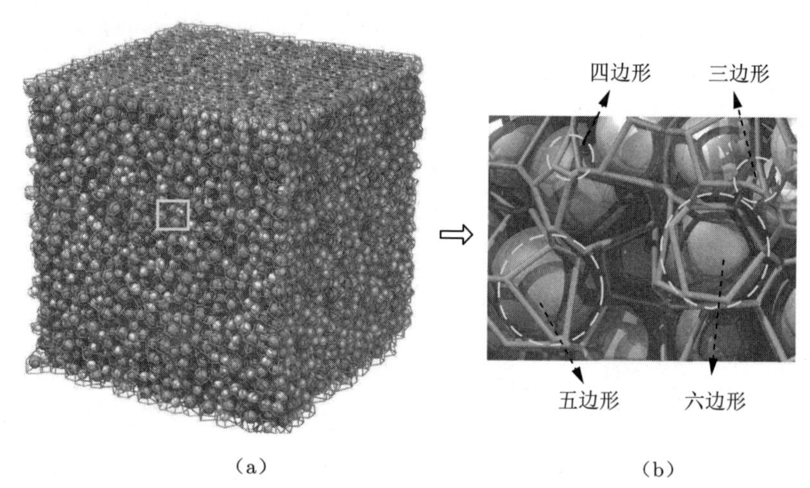

图 2.14　平板剪切分析域的自由基剖分结果（见文前彩图）

颗粒颜色不同代表粒径不同

2.2 节中的讨论表明，在高剪切速率下，颗粒体系会产生宏观剪切带，而流态分析针对的是剪切稳定阶段，剪切带如何在初始密集排布的颗粒体系中孕育、发展直至稳定，是否有细观结构与剪切带的发育相对应，便是本节进行结构分析所研究的问题。这里，研究剪切速率为 1 s^{-1} 条件下，颗粒介质整个剪切流动过程的结构变化。

如图 2.15 所示，在固定围压为 10 kPa 的条件下，上剪切板受到的切应力为 0~0.25 s，从 0 kPa 快速增加至约 4 kPa，而后保持相对稳定，如此可以将 AB 段视为剪切启动阶段，BC 段视为剪切稳定阶段。图 2.15 左插图为体积分数的演化过程，可以发现，在剪切启动阶段，体积分数快速增加，而在剪切稳定阶段体积分数变化缓慢，右插图为不同时刻颗粒沿 z 轴的速度分布，可以看出，在剪切启动阶段的特征时间，t 分别为 0.06 s、0.12 s 和 0.24 s，速度剖面没有出现高速度梯度，颗粒类似固体，整体发生变形，而在剪切稳定阶段的特征时间，t 分别为 0.54 s 和 0.69 s，速度剖面在靠近顶端出现高的速度梯度，颗粒类似流体，只引起了靠近剪切板附近颗粒的运动，而对下部颗粒没有任何影响。

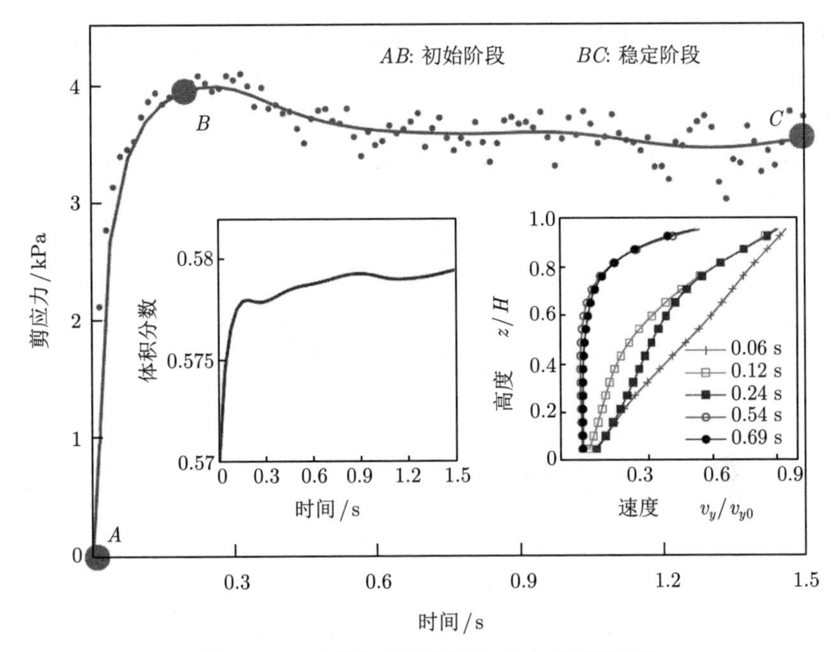

图 2.15　上剪切板受到的切应力的时间演化

$0<t<0.25$ s 被视为剪切启动阶段，如图中 AB 段，$t>0.25$ s 被视为剪切稳定段，如图中 BC 段

2.3.2　拓扑与几何结构量

首先研究与多面体相关的常规结构指标，包括：①拓扑量，含多面体的面数 f，多面体各面的边数 e；②尺寸量，含多面体表面积 S 和多面体体积 V。

由于结构指标在域内是非均匀的，对于任意的结构指标 ψ，均存在最大值 $\psi_{\max}$ 与最小值 $\psi_{\min}$，将 $[\psi_{\min}, \psi_{\max}]$ 划分为 N 份，假定第 i 份空间 $[\psi_{\min} + (i-1)/N \times (\psi_{\max} - \psi_{\min}), \psi_{\min} + i/N \times (\psi_{\max} - \psi_{\min})]$ 内，ψ 的概率分布 $P(\psi)$ 相同，如此，便可从离散的 ψ 数据中得到连续的概率密度分布，此外，还将整个分析域内结构指标 ψ 的平均值定义为 $\bar{\psi}$。

图 2.16 表示的是多面体面数 f、多面体各面边数 e、多面体无量纲化体积 $V/\bar{V}$ 和无量纲化表面积 $S/\bar{S}$ 在剪切启动阶段 3 个特征时刻（$t = 0.06$ s, 0.12 s, 0.24 s）的概率密度分布函数 P，其中，$\bar{V}$ 与 $\bar{S}$ 为多面体的平均体积与平均表面积。由图 2.16 可以看出，面数与边数的概率分布在剪切过程中近乎对称，峰值分别为 $f = 14$，$e = 5$，对于尺寸量，如

多面体体积、多面体表面积则出现双峰值，与模型采用双粒径有关，且有大颗粒对应体积较大的多面体体积峰值，反之对应较小的峰值。通过图 2.16 还可以看出，在剪切过程中，结构拓扑量与尺寸量的概率密度分布没有发生变化，因而并不能反映外界荷载对颗粒产生的影响。

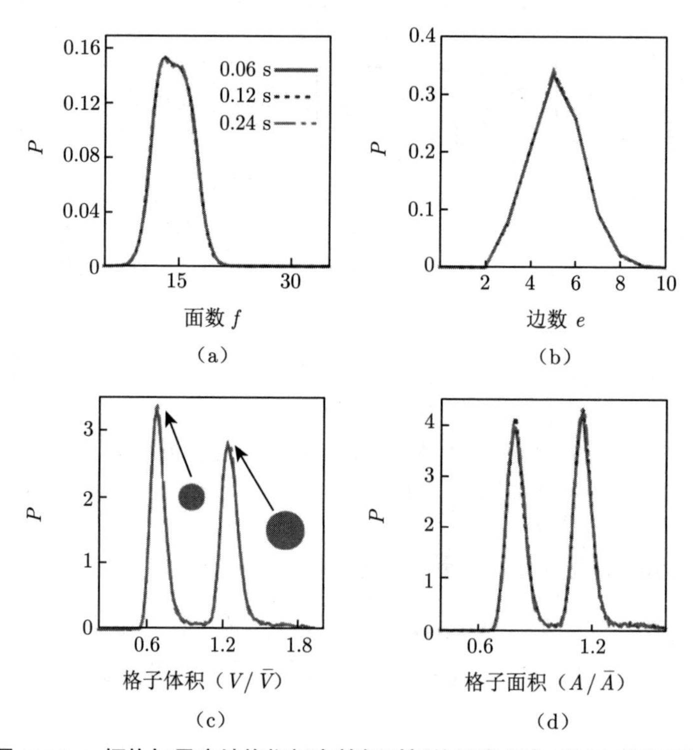

图 2.16 拓扑与尺度结构指标在特征时间的概率分布（见文前彩图）

（a）多面体面数；（b）多面体各面边数；（c）固相体积分数；（d）固相面积分数

考虑到邻近的颗粒拥有公共面，从某种程度上，多面体的面数反映了距离中心颗粒最近的相邻颗粒数目，且含有部分对关联函数中的首峰信息，应与配位数等类似，存在下限值，但共享公共面的临近颗粒无须接触，因而多面体的面数能够反映堆积密度信息，而并不完全等同于配位数[143]。图 2.17 反映了剪切初期体积分数与平均面数 $\bar{f}$ 的时间演化，可以看出，体积分数增加而平均面数降低。准确的体积分数与平均面数的关系可从固定不同体积分数，对比平均面数进行统计得到[70]。此外，考虑到欧拉公式，$\bar{e} = 6 - 12/\bar{f}$，平均边数与平均面数在结构分析中起到相同作用[71]。

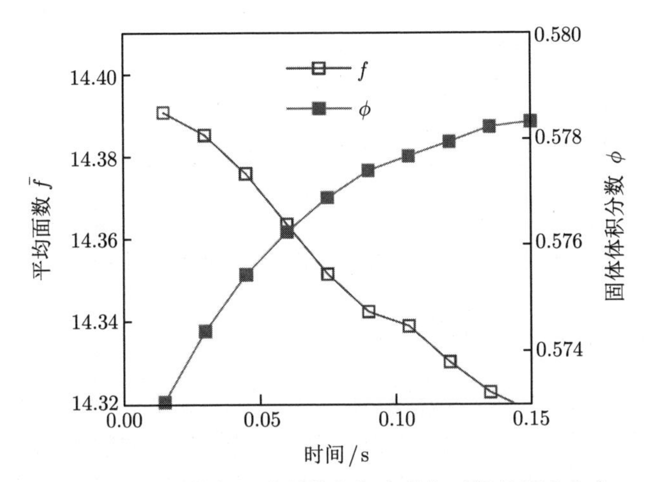

图 2.17　拓扑与尺度结构指标在特征时间的概率分布

左上为多面体面数，右上为多面体各面边数，左下为固相体积分数，右下为固相面积分数

图 2.15 插图表明了速度分布的空间不均匀性。同样地，为研究结构量在剪切过程中是否均匀分布，将分析域沿垂向分割成若干层，每层厚度相同，颗粒对层的贡献值主要有两种方案，一种是考虑颗粒中心所处层，一种是类似 2.3.1 节中求平均速度时采用的将剖分球体积作为权重。考虑到结构量与颗粒体积密切相关，因而不宜采用球剖分的方案，此例按照颗粒中心所处位置确定其所属层。图 2.18 为多面体面数 $\bar{f}^{\text{bin}}$ 与体积分数 ϕ^{bin} 在特征时间的空间分布，需要指出，上述结构量的空间分布曲线是每个分析层内的平均，因而采用上标“bin”，以区分整体平均。图 2.18 中，标为“stable”的分布曲线为剪切稳定阶段 $t = 0.3 \sim 1.0$ s 的平均结果，且这里只考虑了 $z/H = 0.1 \sim 0.9$ 的区域以避免规则黏结的剪切板对结构的影响。从图 2.18 可以看出，随着时间增加，平均面数分布整体左移，引起图 2.17 中整体平均面数的降低，而体积分数分布整体右移，引起图 2.17 中体积分数的增加。需要注意，在剪切稳定阶段，靠近剪切板附近（上部），体积分数明显小于其他区域。

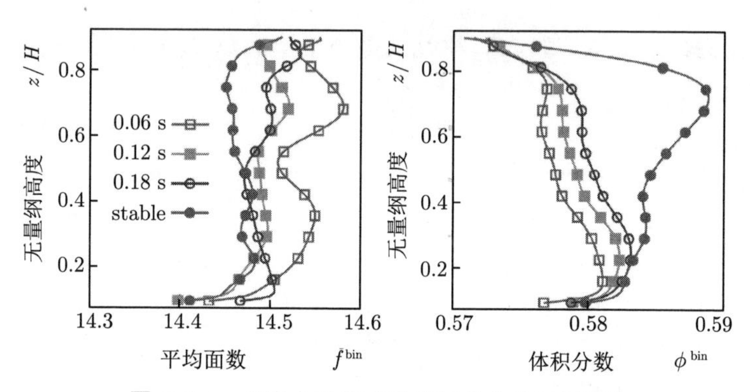

图 2.18 面数与体积分数空间分布的时间演化

2.3.3 多边对称结构量

除拓扑与尺寸量外，颗粒对称性亦可进行结构分析[62]。多面体 i 边形反映了中心颗粒与周围最近的若干颗粒沿特定方向的局部对称性。三边形、四边形和六边形反映了局部的平移对称，五边形反映了局部五边对称（local fivefold symmetry，LFFS）。在进行金属玻璃结构分析时，五边对称是很好地预言塑性变形的结构指标，塑性事件往往发生在初始五边对称含量较低的区域，而逐渐向高五边对称区过渡[62]。本节研究颗粒介质第 i 边形所占比例的时空演化，探究颗粒介质中五边对称在结构分析中所处的地位。

第 i 变形所占比例主要有两种度量：① i 边形面数与总面数的比值，记为 P_i^n；② i 边形表面积与总表面积的比值，记为 P_i^s。例如，某表面积为 0.2 m^2 的四面体各面边数分别为 5、4、5、3，各面面积分别为 0.05 m^2、0.07 m^2、0.06 m^2、0.02 m^2，则五边形比例，$P_5^n = 2 \div 4 = 50\%$，$P_5^a = (0.05 + 0.06) \div 0.2 = 55\%$。图 2.19 为 $P_i^n(t)$ 与 $P_i^a(t)$ 的时间演化过程，需要指出，因 $i = 3$，8 所占比例较小，图中仅绘制了 $i = 4$，5，6，7 的情况，但 $i = 3$，8 在剪切启动阶段比例均降低。由图 2.19 可以看出，仅五边形（$i = 5$）比例在剪切启动阶段有剧烈增加，而其他多边形或减小（$i = 3$，7，8）或变化不大（$i = 4$，6）。

为清楚对比各边形所占比例的相对增量，图 2.20 为 $\dfrac{P_i^n(t) - \langle P_i^n \rangle}{\langle P_i^n \rangle}$ 与 $\dfrac{P_i^a(t) - \langle P_i^a \rangle}{\langle P_i^a \rangle}$ 的时间演化过程，其中 $\langle\cdot\rangle$ 为稳定阶段的平均值。由

图 2.20 可以看出，五边形比例（黑色实心方框）是唯一在剪切启动阶段快速增加的多边形比例，图 2.20（b）中插图为 $\langle P_i^n \rangle$（实线）与 $\langle P_i^a \rangle$（虚线）的对比，可以看出，三边形、四边形的数量比例大于面积比例，六边形、七边形、八边形的面积比例大于数量比例，而五边形比例以面积或数量作为度量，基本相同。这与边数越多的多边形面积越大相对应。考虑到体积分数在剪切启动阶段快速增加，因而五边对称结构越多的颗粒集合应对应着更高的体积分数，这与金属玻璃的结果类似[62]。

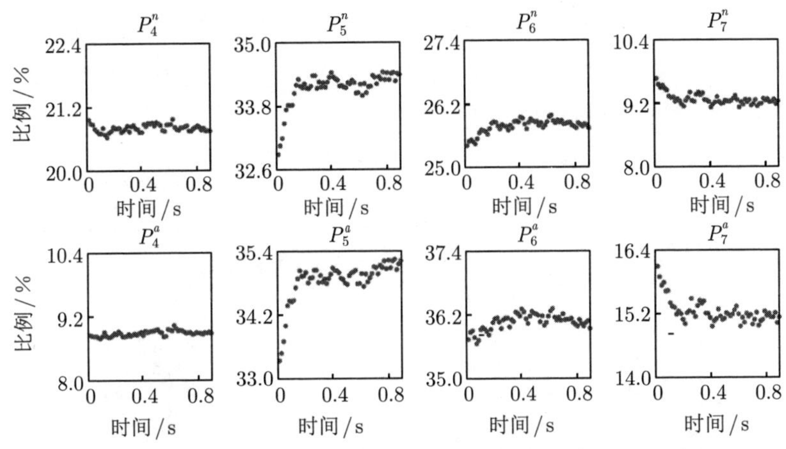

图 2.19　多边形比例 $P_i^n(t)$ 与 $P_i^a(t)$ 的时间演化过程

上行是 $P_i^n(t)$，下行是 $P_i^a(t)$

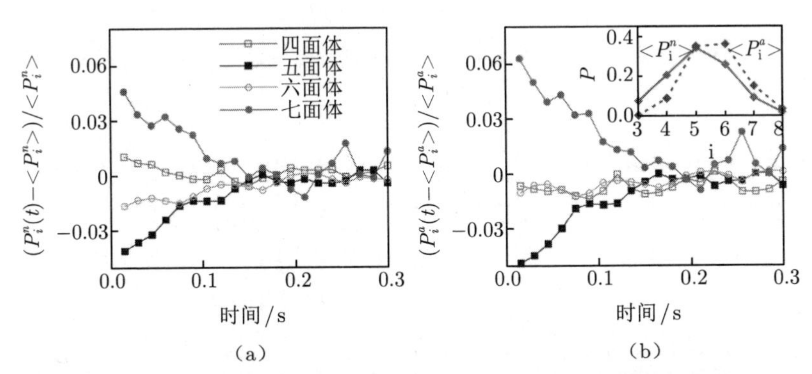

图 2.20　$(P_i^n(t)-\langle P_i^n \rangle)/\langle P_i^n \rangle$ 与 $(P_i^a(t)-\langle P_i^a \rangle)/\langle P_i^a \rangle$ 的时间演化过程

插图为 $\langle P_i^n \rangle$（实线）与 $\langle P_i^a \rangle$（虚线）的对比

图 2.21 表示五边对称的空间分布，图 2.21（b）为剪切稳定阶段，$\langle P_5^n\rangle$、$\langle P_5^a\rangle$ 与 ϕ 的空间分布对比，可以看出，对于五边对称，采用面积做权重或采用数量做权重所得分布基本相同，均与体积分数的分布相类似，呈现上小下均匀的形态。在剪切启动阶段，所有对外界剪切的抵抗均来自底部固定板，随着剪切的进行，颗粒集合不能维持均匀变形，按照速度分布曲线，在剪切稳定阶段底部颗粒近乎静止，而大部分变形出现在上部近剪切带位置。图 2.21（a）为 P_5^n 空间分布的时间演化过程，可以看出，P_5^n 的空间分布在剪切启动阶段变化剧烈，并逐渐达到稳定的上小下均匀的分布形式。需要指出，其余多边形在剪切过程中，其空间分布无明显的变化，在剪切稳定阶段亦与软化区无明显的对应关系，因而未绘制其余多边形空间分布的时间演化过程。

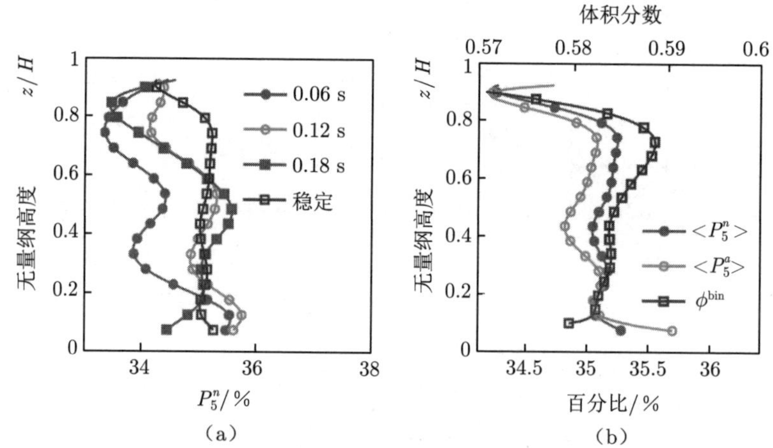

图 2.21 P_5^n 空间分布的时间演化（a）与剪切稳定阶段 $\langle P_5^a\rangle$、$\langle P_5^n\rangle$ 与 ϕ^{bin} 的空间分布（b）

至此可以看出，对于五边形比例，采用面积比或数量比进行度量，所得结果基本相同，因而下文中只讨论 P_5^n。此外，尽管对于颗粒集合整体的五边对称是增加的，但其空间分布在剪切带附近明显小于其余空间位置，这均与颗粒体积分数相对应。从颗粒对称性上分析，五边形对应五边对称，结构往往更加有序，而四边形、六边形等具有平移对称，往往构成普通的晶状结构[62]，因而五边对称在结构分析中应占据特殊地位。

为进一步探索五边对称作为特征指标的可能性，需要将五边对称与其他动力学量建立关联，参照 2.2 节进行流态分析时的动力学量，这里研究颗粒五边对称 P_5^n 与体积分数 ϕ，角速度 ω，线速度 v_y，动能与势能密度的涨落 $(e_{\rm k}-\langle e_{\rm k}\rangle)^2$、$(e_{\rm c}-\langle e_{\rm c}\rangle)^2$，以及颗粒温度 $T_{\rm g}$ 之间的对应关系。其中动能密度 $e_{\rm k}$、势能密度的表达式 $e_{\rm c}$ 分别为式（2.18）与式（2.19），在剪切稳定阶段 0.3 ~ 1.0 s 的能量均值分别记为 $\langle e_{\rm k}\rangle$ 与 $\langle e_{\rm c}\rangle$，颗粒温度的表达式 $T_{\rm g}=0.5v_i'v_i'$，其中 $v_i'=v_i-\langle v_i\rangle$ 为脉动速度，$\langle v_i\rangle$ 为系综平均速度。由于颗粒温度反映了颗粒运动的无序程度，因而颗粒温度对于理解颗粒运动具有十分重要的意义。

围压为 10 kPa 时，剪切带出现在顶部，而当围压增大到 100 kPa 时，高速度梯度区出现在贴近底部固定板附近，因而，以此两例对比五边对称与其他结构量的关联。图 2.22 反映了不同围压条件下，五边对称与其他结构量的对比，可以看出，在任意围压下，低五边对称区均对应稀疏颗粒排布，高速度梯度，较大的角速度，继而对应较大的动能与势能涨落，较大的颗粒温度。

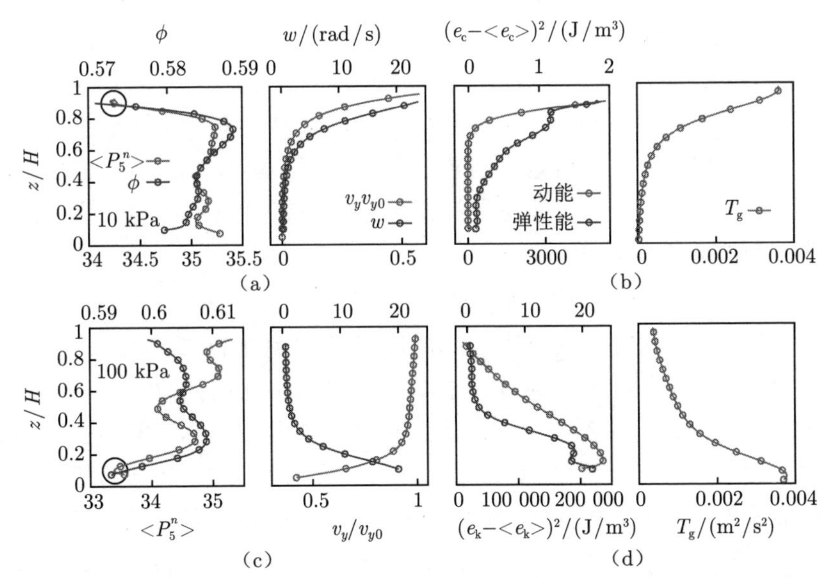

图 2.22　不同围压下局部五边对称 P_5^n，体积分数 ϕ，沿剪切方向无量纲速度 v_y/v_{y0}，角速度 ω，0.3 ~ 1.0 s 时的动能密度与势能密度的方差 $(e_{\rm k}-\langle e_{\rm k}\rangle)^2$ 和 $(e_{\rm c}-\langle e_{\rm c}\rangle)^2$，颗粒温度 $T_{\rm g}$ 的空间分布

上行围压为 10 kPa，下行围压为 100 kPa

至此，五边形比例可能能够解释颗粒的软化行为，其作为结构指标，反映了局域结构的五边对称性以及自由体积信息，颗粒堆积越密实，自由体积越小，而五边形比例越大[144]。按照上述分析，拥有高五边对称的区域自由体积较小，颗粒体系宏观表现硬度更高，而拥有更高平移对称的区域自由体积较大，颗粒体系表现为更软。硬区对外界载荷的抵抗更强，使得颗粒结构更加稳定。因而五边对称作为拓扑状态量，或许能够预测颗粒运动与变形，但是准确的五边对称与颗粒温度的表达在现阶段的研究中尚无法建立，需要进行更加深入的研究[145]。

2.3.4 结构单元概念的提出

上文分析了颗粒介质结构的整体演化与其沿垂向分布的时间演化，为进一步深化对颗粒材料结构与宏观表现关联的理解，截取围压 10 kPa 下，$z/H = 0.80 \sim 0.85$ 的空间层作为研究对象，分析 p_5^n 、动能密度 e_{k}、势能密度 e_{c} 在 x-y 平面内的分布。如图 2.23 所示，图 2.23（b）为力链网络与分析层位置，图 2.23（c）为 P_5^n 分布，图 2.23（c）为弹性能密度 e_{c} 分布，图 2.23（d）为动能密度 e_{k} 分布，可以看出，尽管颗粒剪切变形率在此薄层内几乎均匀，但其结构与能量密度分布却体现出非均匀性。由于 P_5^n 对应颗粒的涨落运动，与 e_{k} 和 e_{c} 并无直接对应关系，但是对比动能与势能密度分布可以看出，高动能区对应较低的势能，反之高势能区对应较低的动能。

基于对颗粒内部结构、堆积密度、能量分布的理解，本书提出结构单元的构想，以便探究颗粒如黏性、弹性等宏观表现的内部结构机理。如图 2.24 所示，颗粒体系由颗粒单元构成，而颗粒单元由强力链区与弱力链区构成，弱力链区内含可自由移动的颗粒。在强力链区，颗粒相互挤压，承载了大部分的外界荷载，存储了大部分的弹性能，拥有较高的抵抗剪切变形的能力，为颗粒介质提供弹性骨架。强力链区动力松弛相对缓慢，具有较高的刚度，颗粒重排需较高的能量壁垒。与之对应，弱力链区嵌套在强力链区构成的骨架中，具有较低堆积密度，较低的局域弹性模量，较大的能量耗散率，对应颗粒介质的黏性，包含自由颗粒、微剪切带等。强弱力链亦可发生相互转化，强力链区在高外界荷载条件下，力链网络被打破，变为弱力链区，与此同时，由于颗粒重排，弱力链区会承担更多的外界载荷而变为强力链区，正是这种局域的强–弱力链的相互转化，导致了颗粒材料类固态、类液态的力学行为。需要指出，结构单元只是对颗粒集合的一种构想，强–弱力链区间缺少明显的分界面，但为理解颗粒集合弹性、黏性和弛豫等现象提供了思路。

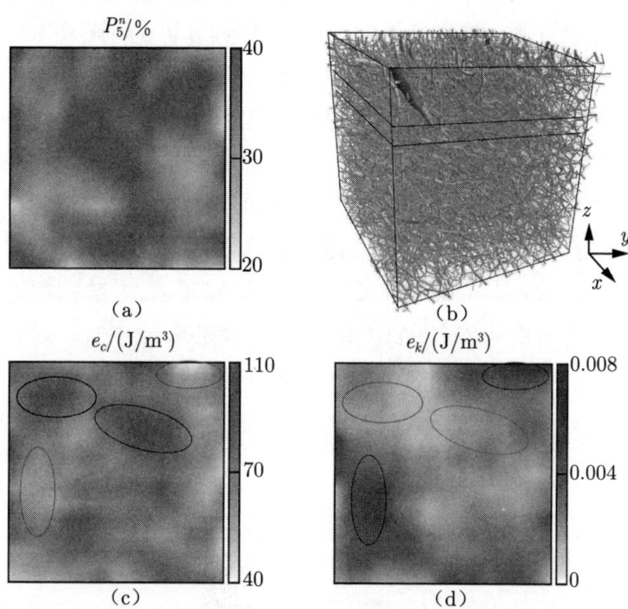

图 2.23　颗粒集合位置 $z/H = 0.80 \sim 0.85$ 层内，局域五边对称与能量沿 x-y 平面的分布（见文前彩图）

（a）P_5^n 分布；（b）力链网络与分析层位置；（c）弹性能密度 e_c 分布；（d）动能密度 e_k 分布高动能区对应较低的势能，反之，较高的势能对应较低的动能

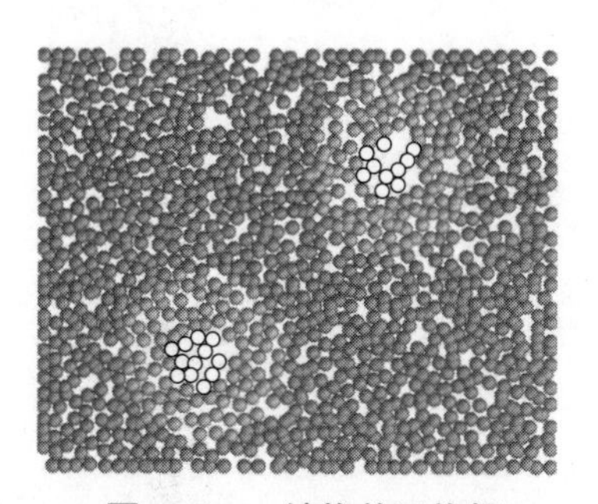

图 2.24　结构单元构想

黑色颗粒代表自由运动颗粒、圆形为稀疏排布的颗粒，这两种颗粒构成弱力链区，外部灰色颗粒为密集堆积颗粒，对应强力链区，强力链区与弱力链区构成结构单元，颗粒介质均由结构单元构成

2.4 本章小结

本章构建了恒定压力条件下平板剪切的离散元模型，以颗粒介质宏观本构作为模型验证，对比了不同流态下的动力学量，探究了动能与势能比值作为流态划分的可能性；以自由基剖分为工具，研究了含有宏观剪切带的特定流态下，颗粒集合结构的时空演化过程；分别对比了拓扑量、尺寸量以及颗粒对称在结构分析中的作用，发现五边对称是很好的结构，应变软化区往往出现在低五边对称区域；通过对颗粒结构、能量的理解，提出了结构单元的构想，结构单元由强力链区与弱力链区构成，前者对应颗粒弹性、刚性，后者对应颗粒的黏性、弛豫，强–弱力链的相互转化，决定了颗粒体系类固态–类液态的力学行为；基于离散模型，对颗粒介质进行了精细分析，深化对其物理本质的理解。

第 3 章　物质点法算法核心

第 2 章基于离散元法构建颗粒介质的流动模型，对颗粒流态与结构进行分析，体现出离散元法在认识颗粒介质结构、研究其内部物理过程中的强大作用，但该方法计算强度大，人们可以承受的计算耗时限制了该方法在工程尺度中的应用。例如，常见的几十万立方米的碎屑流灾害含有几十亿计的颗粒，即使采用离散元法的 GPU 并行化，也需要极大的机时耗费。因而从工程应用角度，就必须将颗粒介质进行连续化处理，采用适合颗粒大变形的算法对其整体行为进行描述，本书采用物质点法。

物质点法起源于网格质点法（particle in cell, PIC），此时，物质点仅包含质量与位置信息，因而是一种半拉格朗日方法[146]。隐式流体质点法（fluid implicit particle, FLIP）将动量、能量等信息也赋予物质点，变为完全的拉格朗日方法[147]。将隐式流体质点法应用于固体中，便逐渐形成现在的物质点算法[148]。在物质点法中，研究域被空间剖分，每个子域通过携带了所有物理信息的质量点表征，在计算中，物质点空间位置被时刻追踪，应力和应变等信息实时更新，采用了拉格朗日描述思路，物质点与物质点的关联通过固定的背景网格建立，选取恰当的权函数，实现物质点到背景网格节点的映射，控制方程建立在集中了所有物质点信息的背景网格节点上，在计算中，由于背景网格每个计算步都采用规则未变形的网格，沿用了欧拉描述的思路。在物质点法中，边界条件施加在固定背景网格节点上，且应力应变关系应用在代表一定影响域的物质点上，这都是有限元的思想，但空间离散并非网格离散，此外无须构建复杂位移函数，而仅通过合适的权函数及其导数将各物质点通过背景网格进行关联。总体来看，在某种意义上，物质点法是采用混合描述的无网格的有限元法。

如图 3.1（a）所示，物质点法作为一种无网格方法，初始连续体被离散为若干个子连续体，每个子连续体被一个物质点代表，而非有限元中的网格。物质点法的计算流程如图 3.1 所示，物质点通过权函数与背景网格进行关联，将质量、动量、受力等信息映射到背景网格节点上，背景网格节点受到不平衡力作用而更新空间位置与动量，更新后的背景网格节点信息反馈至物质点处，在新的时步中，仍采用规则的背景网格，可以看出，物质点携带所有信息被每步更新的规则背景网格关联，因而物质点法是将拉格朗日与欧拉描述进行统一的方法。

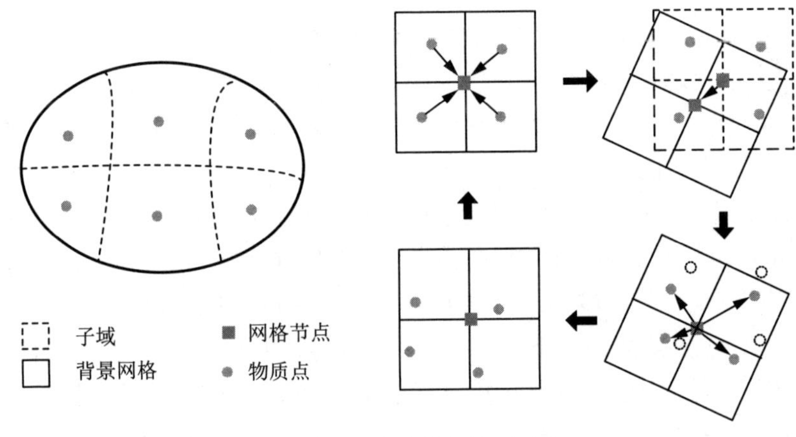

图 3.1 物质点法基本原理

3.1 控制方程

由于物质点携带所有物理信息，因而质量守恒是自然满足的，其控制方程主要是动量守恒：

$$\rho \boldsymbol{v}_i = \boldsymbol{\sigma}_{ij,j} + \rho b_i \tag{3.1}$$

其中，ρ 为密度；$\boldsymbol{v}_i$ 为加速度；$\boldsymbol{\sigma}_{ij}$ 为应力张量；逗号表示空间导数；b_i 为体力。需要指出，所有变量均为空间与时间的函数。式 (3.1) 的等效积分弱形式为

$$\int_{\Omega} \rho w_i \boldsymbol{v}_i \mathrm{d}\Omega = \int_{\delta\Omega_\tau} w_i \tau_i \mathrm{d}S - \int_{\Omega} w_{i,j} \boldsymbol{\sigma}_{ij} \mathrm{d}\Omega + \int_{\Omega} \rho w_i b_i \mathrm{d}\Omega \tag{3.2}$$

其中，Ω 为研究域；$\delta\Omega_\tau$ 为应力边界；w_i 为任意的试函数；$\tau_i = \boldsymbol{\sigma}_{ij}\boldsymbol{n}_j$ 为应力边界条件；$\boldsymbol{n}_i$ 为边界外法向矢量。式 (3.2) 的推导采用了高斯定理。

传统物质点中，将连续的密度函数空间离散为只在物质点位置处取值的加和形式：

$$\rho(x) = \sum_p m_p \delta(x - x_p) \tag{3.3}$$

其中，x 表示任意空间位置；m_p 为物质点质量；δ 为狄拉克函数；x_p 为物质点所在空间位置。引入比应力张量 $\boldsymbol{\sigma}_{ij} = \boldsymbol{\sigma}_{ij}/\rho$ 与比边界面力矢量 $\boldsymbol{\tau}_i = \tau_i/\rho$，并将式（3.3）代入式（3.2）进行空间离散，则有

$$\sum_p m_p w_{ip} \boldsymbol{v}_{ip} = \sum_p m_p \boldsymbol{\tau}_{ip} \frac{w_{ip}}{h_p} - \sum_p m_p \boldsymbol{\sigma}_{ijp} w_{ip,j} + \sum_p m_p w_{ip} b_{ip} \tag{3.4}$$

其中，$w_{ip} = w_i(x_p)$；$\boldsymbol{v}_{ip} = \boldsymbol{v}_i(x_p)$；$h_p$ 为将面积分转化为体积分而假想的层厚；$\boldsymbol{\sigma}_{ijp} = \boldsymbol{\sigma}_{ij}(x_p)$；$w_{ip,j} = w_{i,j}(x_p)$；$b_{ip} = b_i(x_p)$。下文推导中，若不加以说明，所有推导下标 p 均代表在物质点 p 处取值。

背景网格与物质点间的关联通过将试函数与加速度离散为背景网格节点形函数取值的加和形式实现，即

$$w_{ip} = \sum_I N_{Ip} w_{iI} \tag{3.5}$$

$$\boldsymbol{v}_{ip} = \sum_I N_{Ip} \boldsymbol{v}_{iI} \tag{3.6}$$

其中，$N_{Ip} = N_I(x_p)$；$w_{iI} = w_i(x_I)$；$\boldsymbol{v}_{iI} = \boldsymbol{v}_i(x_I)$，其中 x_I 表示背景网格节点 I 的空间位置；$N_I(x)$ 为背景网格节点 I 的形函数，由有限元可知，$\sum\limits_I N_I(x) = 1, \forall x$。在下文中，若不加以说明，下标 I 代表在背景网格节点处取值。类似地，对于试函数的空间梯度有

$$w_{ip,j} = \sum_I N_{Ip,j} w_{iI} \tag{3.7}$$

将式（3.5）、式（3.6）与式（3.7）代入到式（3.4）中，则有

$$
\sum_{I}\left(\sum_{J}\boldsymbol{m}_{IJ}\boldsymbol{v}_{iJ}+\sum_{p}\frac{m_{\mathrm{p}}}{\rho_{p}}\boldsymbol{\sigma}_{ijp}N_{Ip,j}-\right.
$$

$$
\left.\sum_{p}m_{\mathrm{p}}b_{ip}N_{Ip}-\sum_{p}\frac{m_{\mathrm{p}}}{\rho_{p}}\boldsymbol{\tau}_{ip}N_{Ip}h_{p}^{-1}\right)w_{iI}=0 \tag{3.8}
$$

其中，$\boldsymbol{m}_{IJ}=\sum\limits_{p}m_{\mathrm{p}}N_{Ip}N_{Jp}$ 为背景网格的质量矩阵。对于任意的试函数，式（3.8）恒成立，则有

$$
\boldsymbol{p}_{iI}=f_{iI}^{\mathrm{ext}}+f_{iI}^{\mathrm{int}} \tag{3.9}
$$

其中

$$
\boldsymbol{p}_{iI}=\sum_{J}\boldsymbol{m}_{IJ}\boldsymbol{v}_{iJ} \tag{3.10}
$$

为背景网格节点 I 处的动量变化率，若采用集中质量矩阵，则

$$
\boldsymbol{p}_{iI}=\boldsymbol{m}_{I}\boldsymbol{v}_{iI} \tag{3.11}
$$

其中，$\boldsymbol{m}_{I}=\sum\limits_{J}\boldsymbol{m}_{IJ}$。节点 I 受到的外力与内力分别为

$$
f_{iI}^{\mathrm{ext}}=\sum_{p}m_{\mathrm{p}}b_{ip}N_{Ip}+\sum_{p}\frac{m_{\mathrm{p}}}{\rho_{p}}\boldsymbol{\tau}_{ip}N_{Ip}h_{p}^{-1} \tag{3.12}
$$

$$
f_{iI}^{\mathrm{int}}=-\sum_{p}\frac{m_{\mathrm{p}}}{\rho_{p}}\boldsymbol{\sigma}_{ijp}N_{Ip,j} \tag{3.13}
$$

3.2 广义插值物质点法

从 3.1 节推导可以看出，传统物质法将动量方程进行空间离散的基础是将密度函数离散为 $\rho(x)=\sum\limits_{p}m_{\mathrm{p}}\delta(x-x_{p})$ 的形式，仅从该离散格式而言，存在量纲不协调的问题，但在后续的推导中，方程（3.2）各项均引入密度函数，对任意的连续函数 $f(x)$ 采用如下离散格式：

$$
\int_{\Omega}\rho f(x)\mathrm{d}\Omega=\sum_{P}m_{\mathrm{p}}f(x_{p}) \tag{3.14}
$$

此时，客观上并没有进行域内空间积分，量纲因而变为协调。如此看来，纵使基于离散密度函数推导的空间离散的控制方程最终成立，但其离散

的数理基础并不十分清楚。广义插值物质点法（generalized interpolation material point, GIMP）是为避免物质点穿越背景网格时产生数值振荡而提出的[149]，具有更合理的离散基础，并能够退化推导出与式（3.10）相同的格式，因而需加以研究说明。

3.2.1　离散格式

广义插值物质点法认为物质点 p 拥有一定体积 V_p，而非传统的无限小点，其空间支撑域 Ω_p 包含物质点的空间位置信息与体积信息，颗粒特征函数（particle characteristic functions）$\chi_p(x)$ 定义为

$$\chi_p(x)=\begin{cases}1, & x\in\Omega_p\\ 0, & x\notin\Omega_p\end{cases} \tag{3.15}$$

其中，为便于理解，首先给出最简单的特征函数取法，需要指出，通过设定合理的特征函数，可以增加物质点信息向网格节点映射时所采用的权函数的连续阶数。以一维问题为例，物质点 p 占据的空间大小为 $V_p=2l_p$，其中心位置为 x_p，则该物质点的空间支撑域 $\Omega_p=[x_p-l_p,x_p+l_p]$，随着物质点发生变形，其空间位置与体积均会发生相应变化，进而影响支撑域，但为简化起见，这里不加以区分，此时，物质点 p 的特征函数可设为

$$\chi_p(x)=H\left[x-(x_p-l_p)\right]-H\left[x-(x_p+l_p)\right] \tag{3.16}$$

其中

$$H(x)=\begin{cases}0, & x<0\\ 1, & x>0\end{cases} \tag{3.17}$$

为阶梯函数（step functions）。可以看出，物质点特征函数满足单位分解条件，即

$$\sum_p \chi_p(x)=1 \quad \forall x \tag{3.18}$$

对于物质点 p，其体积 V_p、质量 m_p、动量 p_{ip} 可表示为

$$V_p=\int_\Omega \chi_p(x)\mathrm{d}\Omega \tag{3.19}$$

$$m_p = \int_{\Omega} \rho(x)\chi_p(x)\mathrm{d}\Omega \tag{3.20}$$

$$p_{ip} = \int_{\Omega} \rho(x)v_i(x)\chi_p(x)\mathrm{d}\Omega \tag{3.21}$$

对于所有物质点，考虑到式（3.18），有

$$\sum_p m_p = \sum_p \int_{\Omega} \rho(x)\chi_p(x)\mathrm{d}\Omega = \int_{\Omega} \rho(x)\mathrm{d}\Omega \tag{3.22}$$

$$\sum_p p_{ip} = \sum_p \int_{\Omega} \rho(x)v_i(x)\chi_p(x)\mathrm{d}\Omega = \int_{\Omega} \rho(x)v_i(x)\mathrm{d}\Omega \tag{3.23}$$

可以看出，采用特征函数的离散格式满足连续体的质量守恒与动量守恒。对于一般情况，任意的连续函数 $f(x)$ 空间离散为物质点特征函数加和的形式，其中 $f(x)$ 在物质点处的取值 $f(x_p) \equiv f_p$ 作为权值，即

$$f(x) = \sum_p f_p\chi_p(x) \tag{3.24}$$

采用背景网格节点的形函数将试函数进行空间离散，即

$$w_i(x) = \sum_I N_I(x)\, w_{iI} \tag{3.25}$$

其中，$N_I(x)$ 为背景网格节点 I 处的形函数。采用式（3.24），并将式（3.25）代入式（3.2）中, 对于任意的背景网格，都有

$$\begin{aligned}\sum_p \frac{\boldsymbol{p}_{ip}}{V_p}\int_{\Omega_p\cap\Omega} \chi_p(x)\, N_I(x)\,\mathrm{d}\Omega = -\sum_p \boldsymbol{\sigma}_{ijp}\int_{\Omega_p\cap\Omega} \chi_p(x)\, N_{I,j}(x)\,\mathrm{d}\Omega + \\ \sum_p \frac{m_p}{V_p} b_{ip}\int_{\Omega_p\cap\Omega} \chi_p(x)\, N_I(x)\,\mathrm{d}\Omega + \int_{\delta\Omega_\tau} N_I(x)\,\tau_i(x)\,\mathrm{d}S\end{aligned} \tag{3.26}$$

其中，$\boldsymbol{p}_{ip} = m_p\boldsymbol{v}_{ip}$ 为物质点动量矢量的变化率；$\boldsymbol{\sigma}_{ijp} = \boldsymbol{\sigma}_{ij}(x_p)$，$b_{ip} = b_i(x_p)$。引入权函数与其导数：

$$S_{Ip} = \frac{1}{V_p}\int_{\Omega_p\cap\Omega} \chi_p(x)\, N_I(x)\,\mathrm{d}\Omega \tag{3.27}$$

$$S_{Ip,j} = \frac{1}{V_p}\int_{\Omega_p\cap\Omega}\chi_p(x)\,N_{I,j}(x)\,\mathrm{d}\Omega \tag{3.28}$$

则式（3.26）可整理为

$$\boldsymbol{p}_{iI} = f_{iI}^{\mathrm{int}} + f_{iI}^{\mathrm{ext}} \tag{3.29}$$

其中

$$\boldsymbol{p}_{iI} = \sum_p \boldsymbol{p}_{ip}S_{Ip} \tag{3.30}$$

$$f_{iI}^{\mathrm{int}} = -\sum_p \boldsymbol{\sigma}_{ijp}S_{Ip}V_p \tag{3.31}$$

$$f_{iI}^{\mathrm{ext}} = \sum_p m_p b_{ip}S_{Ip} + \int_{\delta\Omega_\tau} N_I(x)\,\tau_i(x)\mathrm{d}S \tag{3.32}$$

对比式（3.30）与式（3.9）中的各项，可以看出，在传统物质点法中，节点形函数在物质点处的取值 N_{Ip} 起到权函数 S_{Ip} 的作用，其空间导数类似。式（3.27）定义的权函数同样满足单位分解条件，即

$$\sum_I S_{Ip} = \sum_I \frac{1}{V_p}\int_{\Omega_p\cap\Omega}\chi_p(x)\,N_I(x)\,\mathrm{d}\Omega = \frac{1}{V_p}\int_{\Omega_p\cap\Omega}\chi_p(x)\,\mathrm{d}\Omega = 1 \tag{3.33}$$

因而，在背景网格节点上求解运动方程，同样满足动量守恒与质量守恒条件，即

$$\sum_I m_I = \sum_I\sum_p m_p S_{Ip} = \sum_p m_p \tag{3.34}$$

$$\sum_I p_{iI} = \sum_I\sum_p p_{ip}S_{Ip} = \sum_p p_{ip} \tag{3.35}$$

3.2.2 数值噪声

为论述传统物质点法穿越网格时引起的数值噪声（numerical artifact noise）或者局部非物理振荡（non-physical local variations），采用式（3.27）作为权函数消除这种影响，考虑一维各物质点应力相同的情况，应变张量变为标量，即 $\boldsymbol{\sigma}_{ijp} = \sigma, \forall p$，此时，内部网格节点（非边界节点）的内部

不平衡力应该为零。将式（3.27）代入式（3.31）中，且考虑到式（3.18）、式（3.15）以及一阶网格节点的形函数的空间导数为常数，则有

$$
\begin{aligned}
f_I^{\text{int}} &= -\sum_p \sigma S_{Ip,x} V_p = -\sigma \sum_p \int_{\Omega_p \cap \Omega} \chi_p(x) N_{I,x}(x)\,\mathrm{d}\Omega \\
&= -\sigma \int_{\Omega} N_{I,x}(x)\,\mathrm{d}\Omega = -\sigma \left[N_I(x_U) - N_I(x_L)\right] = 0
\end{aligned}
\tag{3.36}
$$

其中，x_U 和 x_L 分别为研究域的上边界与下边界坐标，对于内部节点 I 的形函数的取值为零。可以看出，采用广义插值物质点法，对于各物质点应力相同的情况，内部节点的不平衡力为零。对于传统的物质点法，由式（3.13），有

$$
f_I^{\text{int}} = -\sum_p V_p \sigma N_{Ip,x} = \sigma \sum_p V_p N_{Ip,x} \tag{3.37}
$$

当物质点在内部网格均匀分布时，即每个网格拥有相同数目的物质点，且物质点代表的体积均相同，满足内部节点网格的不平衡力为零，但若不满足上述条件，在物质点应力均匀条件下，内部网格节点亦会产生不平衡的内力，且这个内力与物质点应力与临界网格物质点数目差的乘积成正比，此时物质点无法满足平衡条件。因而，采用传统物质点法，初始物质点最好设为均匀分布，且每个物质点代表的体积相同。

数值噪声是指物质点穿越网格时引起的局部非物理振荡，通常表现为应力振荡，原因是初始均匀分布的物质点在外力作用下，当出现物质点跨越网格时，临近网格无法满足拥有相同数目物质点的条件，此时若按传统物质点法求解，会产生虚假的非物理不平衡力（对应上述均匀应力条件下的内部网格节点不平衡力部分的解释），这种虚假不平衡力，来自低光滑度的插值函数，有时这种不平衡力会超过真实不平衡力，造成计算失真，而光滑的权函数，式（3.36）所示是静力平衡的，对结果不产生影响。概括起来，传统物质点法的相邻物质点会人为引入虚假不平衡力，造成不同的变形历史，影响应力计算，特别是对与历史有关的非弹性材料影响更大。物质点的应力振荡甚至会远超过其真实应力，而使得计算失败。

3.2.3 权函数的构建

对于一维背景网格尺寸为 L，结点坐标为 x_I 的背景网格节点 I，考虑到特征函数形如式（3.15）的性质，对于位置坐标为 x_p，空间支撑域为 $\Omega_p = [x_p - l_p, x_p + l_p]$ 的物质点 p，其向网格节点 I 映射的权函数，按照式（3.27）可得

$$S_{Ip} = \frac{1}{2l_p}\int_{x_p-l_p}^{x_p+l_p} N_I(x)\,\mathrm{d}x \tag{3.38}$$

对于线性的形函数，需要考虑物质点与背景网格节点的相对位置，根据式（3.38）推得的权函数如表 3.1 所示。

表 3.1 GIMP 中的权函数

$S_{Ip} =$	0	$x_p - x_I \leqslant -L - l_p$
	$\dfrac{(L + l_p + (x_p - x_I))^2}{4Ll_p}$	$-L - l_p < x_p - x_I \leqslant -L + l_p$
	$1 + \dfrac{x_p - x_I}{L}$	$-L + l_p < x_p - x_I \leqslant -l_p$
	$1 - \dfrac{(x_p - x_I)^2 + l_p^2}{2Ll_p}$	$-l_p < x_p - x_I \leqslant l_p$
	$1 - \dfrac{x_p - x_I}{L}$	$l_p < x_p - x_I \leqslant L - l_p$
	$\dfrac{(L + l_p - (x_p - x_I))^2}{4Ll_p}$	$L - l_p < x_p - x_I \leqslant L + l_p$
	0	$L + l_p < x_p - x_I$

可以看出，由于进行了空间积分，映射权函数的空间连续性得到了提高，由一阶连续的形函数变为了二阶连续，与之对应，权函数的空间导数变为了一阶连续，因而计算更加稳定。对于三维问题，权函数即为各方向权值的乘积，即

$$S_{Ip}(x, y, z) = S_{Ip}(x)\,S_{Ip}(y)\,S_{Ip}(z) \tag{3.39}$$

若物质点的特征函数为 $\chi_p(x) = \delta(x - x_p)\,V_p$，则可推导出与传统物质点法相同的离散格式，但需注意，此时的特征函数无法满足 $\sum\limits_p \chi_p(x) = 1, \forall x$，因而会出现 3.2.2 节讨论的数值振荡。

3.3 接触算法

物质点法作为适用于大变形问题的无网格方法，对冲击模拟具有先天优势，其中涉及接触算法。本节总结了物质点法中接触算法的基本原理与近几年的算法改进，给出了两个多体接触的算例，并对物质点法的接触算法的缺陷进行了分析。

3.3.1 基本原理

物质点法的接触算法的核心为不同体之间对同一背景网格节点存在动量差，如图 3.2 所示，体 1 由白色的一套物质点表示，体 2 由黑色的一套物质点表示，两套物质点共用相同的背景网格，如果隶属于体 1 的物质点 A 与隶属于体 2 的物质点 B 在同一背景网格节点 I 处的动量并不相同，且两体相互靠近，则在背景网格节点 I 处判断上接触[150]。

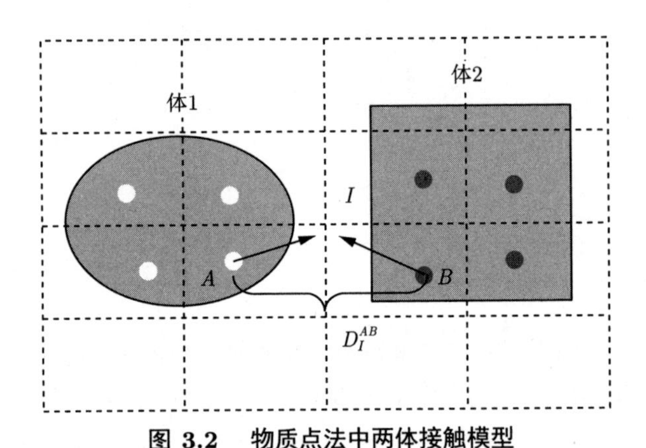

图 3.2　物质点法中两体接触模型

具体而言，节点 I 的质心速度为

$$v_{iI}^{\mathrm{cm}}=\frac{m_I^1 v_{iI}^1+m_I^2 v_{iI}^2}{m_I^1+m_I^2}=\frac{p_{iI}^1+p_{iI}^2}{m_I^1+m_I^2} \tag{3.40}$$

其中，上标 1 和上标 2 代表体号；cm 代表中心平均速度；下标 I 代表在节点 I 处取值；i 代表方向；p 为动量。以 1 号体为接触判断体（2 号体

接触力为 1 号体接触力的反作用力)，两体相互靠近时需满足

$$\left(v_{iI}^{1}-v_{iI}^{\mathrm{cm}}\right)\boldsymbol{n}_{iI}^{1}>0 \tag{3.41}$$

其中，$\boldsymbol{n}_{iI}^{1}$ 为体 1 在背景网格节点 I 处的法向量。由于物质点法只有点信息，没有界面，背景网格节点上的接触法向通过质量梯度求得[150]：

$$\boldsymbol{n}_{iI}^{1}=\frac{\sum\limits_{p}m_{p}^{1}S_{Ip,i}^{1}}{\left|\sum\limits_{p}m_{p}^{1}S_{Ip,i}^{1}\right|} \tag{3.42}$$

其中，$|\cdot|$ 表示向量的模。两体接触时，背景网格节点 I 处的速度应为 v_{iI}^{cm}，以避免发生嵌套，此时，对于体 1，由于接触力作用产生的速度变化为

$$\Delta v_{iI}^{1}=v_{iI}^{1}-v_{iI}^{\mathrm{cm}} \tag{3.43}$$

因而，体 1 在背景网格节点 I 处受到的法向接触力为

$$F_{iI}^{1,n}=\frac{-m_{I}^{1}\left(v_{iI}^{1}-v_{iI}^{\mathrm{cm}}\right)\boldsymbol{n}_{iI}^{1}}{\Delta t}=\frac{\left(p_{iI}^{2}m_{I}^{1}-p_{iI}^{1}m_{I}^{2}\right)\boldsymbol{n}_{iI}^{1}}{\left(m_{I}^{1}+m_{I}^{2}\right)\Delta t} \tag{3.44}$$

式 (3.44) 的推导中，代入了式（3.40），上标 n 表示法向，Δt 为时间步长。接触的剪切方向为

$$t_{iI}^{1}=\frac{\Delta v_{iI}^{1}-\left(\Delta v_{jI}^{1}\cdot\boldsymbol{n}_{jI}^{1}\right)\boldsymbol{n}_{iI}^{1}}{\left|\Delta v_{iI}^{1}-\left(\Delta v_{jI}^{1}\cdot\boldsymbol{n}_{jI}^{1}\right)\boldsymbol{n}_{iI}^{1}\right|} \tag{3.45}$$

切向接触力需进行摩擦修正，即

$$F_{iI}^{1,t}=\min\left\{\frac{-m_{I}^{1}\Delta v_{iI}^{1}t_{iI}^{1}}{\Delta t},\mu\left|F_{iI}^{1,n}\right|\right\}\cdot t_{iI}^{1} \tag{3.46}$$

其中，上标 t 代表切向；μ 为动摩擦系数。至此，体 1 在背景网格节点 I 处受到的法向接触力与切向接触力可分别通过式（3.44）与式（3.46）求得，体 2 在 I 处的接触力为体 1 所受接触力的反作用力。

3.3.2 算法改进

物质点接触算法的改进主要关注两个方面，即接触判据与接触力计算。

对于接触判据，Guilkey 等认为背景网格节点 I 处所受外力应为压应力，否则对于无摩擦的接触，能量会有所增加，因而应该增加节点外力判据[151]。物质点算法的核心在于隶属于不同体的物质点对同一背景网格节点均有动量贡献，因而，只要两体最外围物质点处于相邻背景网格中，就有可能判断上接触，此时判断上接触的两个物质点间的距离，最大可为两倍的背景网格尺度，更深层地，这隐含了物质点的特征尺度等同于背景网格的尺寸。此时若用物质点的空间位置进行后处理，两体接触时，间隔了两倍的背景网格尺寸。虽然从物理本质上，这种间隔隐含了物质点所代表的体积，但从结果显示上，就容易造成尚未判断上接触的错觉。因而，Ma 等增加了位移判据[152]：

$$D_I^{AB} < \lambda L \tag{3.47}$$

其中，D_I^{AB} 如图 3.2 所示，定义为对背景网格节点 I 均有动量贡献的两物质点间的距离；λ 为模型参数；L 为背景网格的尺寸。当 $\lambda = 2$ 时，修正模型与初始模型相同。增加位移判据，仅在后处理时，缩小体间接触的距离，对接触算法的本质并无改进。

对于接触力计算，考虑到物质点法中，接触法向通过质量梯度求得，相互接触的两个体在相同背景网格节点上的质量梯度无法保证共线条件，而接触法向与切向直接影响接触力的计算，此时，选用不同体作为接触判断体，所得的接触力可能不同。为满足动量守恒条件，Huang 等采用平均接触法向作为外法线方向[153]，即

$$n_{iI} = \frac{n_{iI}^1 - n_{iI}^2}{|n_{iI}^1 - n_{iI}^2|} \tag{3.48}$$

此时，接触法向满足共线条件，确保动量守恒。分析物质点法的接触算法，接触力施加的效果是瞬时巨大的接触力，使不同物体在同一空间点立即消除相对速度，类似 delta 函数，容易产生较大的数值振荡，Ma 等采用罚函数法，对接触算法进行了改进[154]，此时，由于接触力作用，体 1

所属物质点产生的速度变化为

$$\Delta v_{iI}'^{1} = f_p \left(v_{iI}^{1} - v_{iI}^{\mathrm{cm}}\right) \tag{3.49}$$

对比式（3.43）可见，罚函数法中引入了无量纲数 f_p，其定义为

$$f_p = 1 - \left(\frac{\min(s, L)}{L}\right)^k \tag{3.50}$$

其中，s 为节点 I 与 1 号体中最近的物质点的距离，L 为背景网格单元尺寸，相应地，节点所受接触力需乘以 f_p 进行修正。随着物体接近背景网格节点，s 变小，f_p 变大，且 f_p 的极大值为 1，对应着 1 号体在 I 节点的速度修正为多体平均速度的状态。采用罚函数法处理接触，接触力的施加函数变为连续函数，计算更加稳定，其中，k 的取值会影响作用力大小以及接触时间，考虑到 $\min(s, L)/L < 1$，k 越大，f_p 越大，进而接触力越大，接触的持续时间越短。关于接触算法修正的研究仍有很多，如讨论当前时步与下一时步网格修正速度[155]，但均以动量差作为接触判断的基础。

3.3.3　接触算例与分析

为了形象说明物质点法作为无网格方法，可处理任意形状的接触问题，如图 3.3 所示，本节设定 4 个不同体受重力自由落体，底部位移约束，采用物质点法中的接触算法进行计算，可以看出无块体间的嵌套，且各体运动符合定性认识。需要指出，在计算过程中，出现多体接触，即多个体均对同一背景网格节点有动量贡献，此时，节点平均速度由式（3.40）变为

$$v_{iI}^{\mathrm{cm}} = \frac{\sum\limits_{j}^{n_b} m_I^j v_{iI}^j}{\sum\limits_{j}^{n_b} m_I^j} \tag{3.51}$$

其中，n_b 为对 I 有动量贡献的物体个数。此时，各物体所受接触力是分别计算得到的，由于外法向矢量不共线，各体的切向接触力是独自修正的，因而动量守恒无法保证。若将多体接触分为两两接触，又会引入作用力与反作用力如何配对的问题。

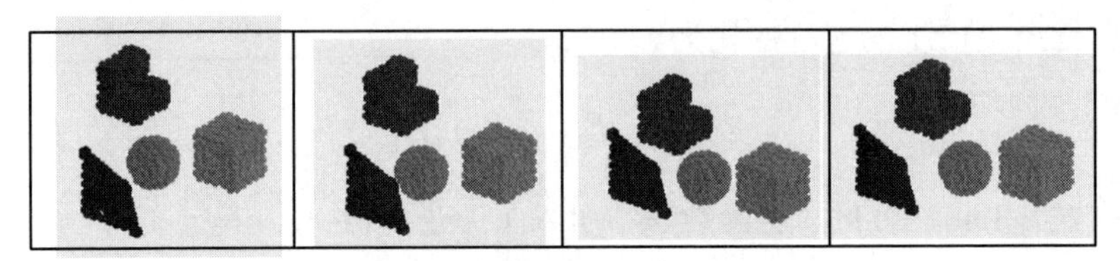

图 3.3　物质点法多体接触算例

物质点的接触算法的优势在于可处理任意形状的接触，但其缺点亦十分明显，主要有如下两个。

（1）由于接触法向通过质量梯度求得，对于两体接触，可采用平均法向作为接触法向以保证动量守恒，但对于多体接触，特别含有切向摩擦的接触问题，由于切向直接影响接触力的修正，因此动量守恒无法保证。

（2）物质点接触算法的核心在于存在动量差，对于静止接触问题，如两方形木体静止垂向排列在桌面上，此时上下木块将一直存在动量差，否则无法判断上接触，但这与真实的物理图景相冲突。因而，物质点法的接触算法无法处理静止接触问题。

3.4　物质点信息更新

式（3.29）为背景网格节点的运动控制方程，进而背景网格节点的动量更新格式为

$$p_{iI}^{n+1} = p_{iI}^{n} + f_{iI}^{\mathrm{total},n}\Delta t \tag{3.52}$$

其中，上标 $n+1$ 与上标 n 代表迭代步；Δt 为时间步长；$f_{iI}^{\mathrm{total},n} = f_{iI}^{\mathrm{int},n} + f_{iI}^{\mathrm{ext},n}$ 为总不平衡力。

3.4.1　位移与动量更新

物质点处的空间位置与速度更新通过背景网格节点信息插值得到，其中空间位置 x_{ip} 更新格式为

$$x_{ip}^{n+1} = x_{ip}^{n} + \Delta t \sum_{I} v_{iI}^{n+1} S_{Ip}^{n} \tag{3.53}$$

可以看出，由于物质点空间位置的更新通过在背景网格节点构建的速度场中根据相对位置插值得到，因而可以有效避免物质点的相互嵌套。

对于物质点的速度更新，可以通过插值背景网格节点的速度直接得到，此时对应网格质点法的更新格式（PIC）[146]：

$$v_{ip}^{n+1} = \sum_I \frac{p_{iI}^{n+1}}{m_I^n} S_{Ip}^n \tag{3.54}$$

或者先插值得到物质点处的加速度，进而时间积分得到物质点的速度，对应隐式流体粒子法的更新格式（FLIP）[147]：

$$v_{ip}^{n+1} = v_{ip}^n + \Delta t \sum_I \frac{f_{iI}^{\text{total},n}}{m_I^n} S_{Ip}^n \tag{3.55}$$

在物质点法中，处于位移边界的背景网格节点在每步计算中加速度清零，速度也清零，因而两种求解模式即便对于背景网格内部只有一个物质点的情形，速度求解也不相同。例如，如图 3.4 所示，黑色球形物质点处于背景网格的中心位置（对应每个节点的权值均为 1/8），第 n 步的速度为 $v_{ip}^n = v_i^0$，节点编号为 1、2、3、4 的背景网格节点为位移边界，速度和加速度均为零；编号为 5、6、7、8 的节点为自由节点，设各节点加速度均为 $a_{iI}^{n+1} = a_i$。

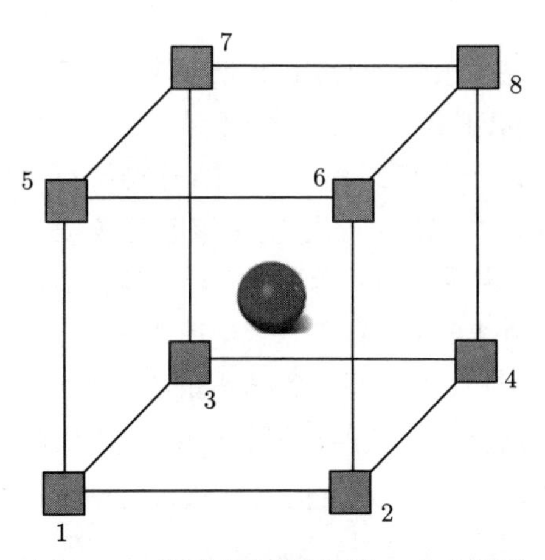

图 3.4　物质点在背景网格中心的情形

此时，采用 PIC 格式更新的速度为

$$v_{ip}^{n+1} = \sum_{I=1:4} 0 + \sum_{I=5:8} \frac{1}{8}\left(v_i^0 + a_i \Delta t\right) = \frac{1}{2}\left(v_i^0 + a_i \Delta t\right) \tag{3.56}$$

采用 FLIP 格式更新的速度为

$$v_{ip}^{n+1} = v_{ip}^{n} + \Delta t \left(\sum_{I=1:4} 0 + \sum_{I=5:8} \frac{1}{8} a_i \right) = v_i^0 + \frac{1}{2} a_i \Delta t \tag{3.57}$$

对比式（3.56）与式（3.57），可以看出采用 PIC 格式计算的速度小于采用 FLIP 格式。

为更好地理解两种不同迭代格式的差异，考虑更一般的情况，此时一个背景网格内含有多个物质点，但所有背景网格节点加速度均为零，在物质点向背景网格映射，再由背景网格插值求得物质点信息的过程中，采用不同的速度更新模式，考虑是否会引起物质点速度的改变。对于某一物质点 p_0，在所有节点加速度为零的情形，对于 FLIP 求解格式，有

$$v_{ip_0}^{n+1} = v_{ip_0}^{n} + \sum_{I} a_{iI}^{n+1} S_{Ip_0} \Delta t = v_{ip_0}^{n} \tag{3.58}$$

而对于 PIC 格式，有

$$v_{ip_0}^{n+1} = \sum_{I} v_{iI}^{n+1} S_{Ip_0} = \sum_{I} \frac{\sum\limits_{p} m_p v_{ip}^{n} S_{Ip}}{\sum\limits_{p} m_p S_{Ip}} S_{Ip_0} \tag{3.59}$$

当且仅当该网格内的所有物质点均为 $v_{ip_0}^{n}$ 时，$v_{ip_0}^{n+1} = v_{ip_0}^{n}$，而对于物质点速度并不完全相同的情形，$v_{ip_0}^{n+1} \neq v_{ip_0}^{n}$。

综上可以看出，PIC 格式相当于将所有物质点速度投影至背景网格上形成速度场，而每个物质点的速度由该速度场在物质点位置的插值得到，因而，比起每个物质点独立考虑的 FLIP 格式，PIC 格式所有物质点的联系更强，是一种能量扩散的算法，会引入远超真实值的数值黏性[156]。对于准静态问题，由于平衡态只与物质点最终位置有关，尤其对于初始应力场的构建，需要消耗所有动能，因而特别适合 PIC 格式求解，而对于运动问题，由于 PIC 格式的速度更新格式人为地引入数值阻尼，并不符合实际运动过程，因而 FLIP 格式更适合。结合 FLIP 与 PIC 格式更新物质点速度，可以提高模拟精度[157]，因而，本节引入阻尼系数 α，将速度更新格式设为

$$v_{ip}^{n+1} = \alpha \sum_{I} \frac{p_{iI}^{n+1}}{m_I^n} S_{Ip}^n + (1-\alpha) \left(v_{ip}^{n} + \Delta t \sum_{I} \frac{f_{iI}^{\text{total},n}}{m_I^n} S_{Ip}^n \right) \tag{3.60}$$

当 $\alpha=0$ 时，对应 FLIP 迭代格式，当 $\alpha=1$ 时，对应 PIC 格式，α 起到阻尼系数的作用。

3.4.2　应变与应力更新

由于物质点法是完全的拉格朗日方法，应变与应力信息均存储在物质点中。物质点 p 的变形率张量 $\boldsymbol{\varepsilon}_{ijp}$ 与转动张量 Ω_{ijp} 分别为该点处速度梯度的对称部分与反对称部分，即

$$\boldsymbol{\varepsilon}_{ijp}=\frac{1}{2}\left(\sum_I v_{iI}S_{Ip,j}+\sum_I v_{jI}S_{Ip,i}\right) \tag{3.61}$$

$$\Omega_{ijp}=\frac{1}{2}\left(\sum_I v_{iI}S_{Ip,j}-\sum_I v_{jI}S_{Ip,i}\right) \tag{3.62}$$

应变与应力的更新格式为

$$\boldsymbol{\varepsilon}_{ijp}^{n+1}=\varepsilon_{ijp}^{n}+\boldsymbol{\varepsilon}_{ijp}^{n}\Delta t \tag{3.63}$$

$$\boldsymbol{\sigma}_{ijp}^{n+1}=\sigma_{ijp}^{n}+\boldsymbol{\sigma}_{ijp}^{n}\Delta t \tag{3.64}$$

其中，$\boldsymbol{\sigma}_{ijp}$ 为柯西应力变化率，需要指出，由于在大变形条件下，柯西应力的变化率受刚体转动的影响，不是客观应力率，因而本书采用焦曼应力率（Jaumann rate）σ_{ij}^{∇}，以消除刚体转动的影响，此时本构关系为 $\sigma_{ij}^{\nabla}=\sigma_{ij}^{\nabla}(\boldsymbol{\varepsilon}_{ijp})$。柯西应力张量的变化率与焦曼应力率之间的关系为[158]

$$\boldsymbol{\sigma}_{ij}=\boldsymbol{\sigma}_{ij}^{\nabla}+\boldsymbol{\sigma}_{ik}\boldsymbol{\Omega}_{jk}+\boldsymbol{\sigma}_{kj}\boldsymbol{\Omega}_{ik} \tag{3.65}$$

3.4.3　求解流程

整体看来，物质点法计算过程是将物质点信息映射到背景网格节点上，更新背景网格节点信息，再将更新后的节点信息反馈回物质点。其中，在每一迭代步中，先更新物质点应力再计算节点内力的格式被称为先更新应力格式（update stress first, USF），而每一迭代步中，最后更新物质点应力的计算被称为后更新应力格式（update stress last, USL），USF 与 USL 的计算流程对比如图 3.5 所示。

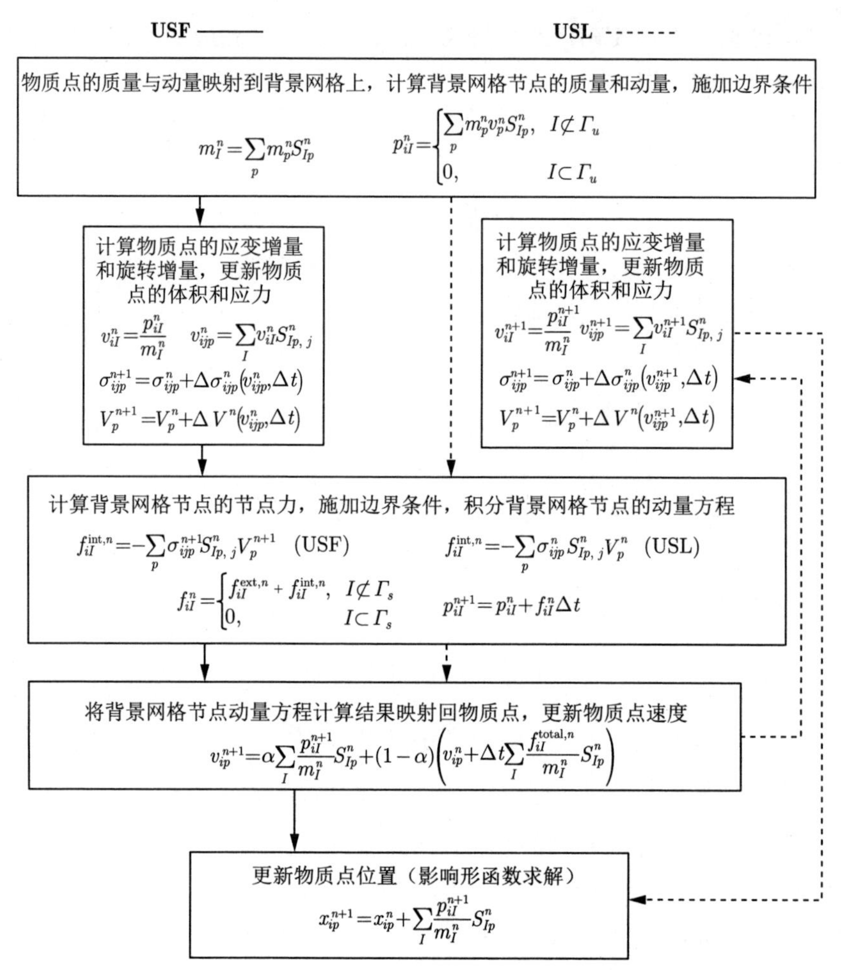

图 3.5 物质点法计算流程（修改自参考文献 [160]）

由于应力更新与应变相关，而应变是速度梯度的函数，因而 USF 与 USL 本质的差别是在计算应力时采用不同时步的节点速度。为便于讨论，考虑节点 I 只受一个物质点 p 影响的简单情况。此时，USF 格式与 USL 格式计算应力时，采用的节点速度分别为

$$v_{iI}^{n} = v_{ip}^{n} \tag{3.66}$$

$$v_{iI}^{n+1} = v_{ip}^{\text{total},n} + \frac{f_{iI}^{n}}{\sum\limits_{p} m_p^n S_{Ip}} \Delta t \tag{3.67}$$

由式（3.67）可以看出，当物质点远离网格节点 I，即将进入另一个背景网格时，权函数值 S_{Ip} 趋近 0，此时就会产生剧烈的数值振荡。Bardenhagen 详细讨论了两种更新格式的能量耗散与数值稳定问题，发现 USF 能较好地保证能量守恒，适合大变形问题，而 USL 会引入额外的阻尼效果，引起能量耗散，适合准静态问题[159]。本书并不对其原理加以详细讨论，只给出两种算例，以观测点力学量在两种更新格式下收敛情况的不同，来说明 USL 算法在构建初始应力场时的作用。

如图 3.6（a）所示，物质点排布相同，侧边均是对称边界，底边为位移边界，顶端施加 10 kPa 法向压力，图 3.6（b）显示了黑色测点的压力变化时间历程，横轴为迭代步数，可以看出 40 000 步后，采用 USL 测点应力基本收敛于 10 kPa，而采用 USF 模式，应力仍继续波动，无明显收敛迹象。与之对应，图 3.6（c）表明了测点的垂向速度变化时间历程，USL 格式动能被较快地耗散掉，USF 格式测点沿垂向不断上下运动。类似地，图 3.7（a）中物质点排布与图 3.6（a）完全相同，只是将压力边界变为施加重力，图 3.7（b）与图 3.7（c）分别为重力作用下不同迭代格式的测点压力值与垂向速度的变化，同样可以看出，USL 能够消耗动能，测点应力值收敛到恒定值，而 USF 格式下，应力与垂向速度均无法收敛。

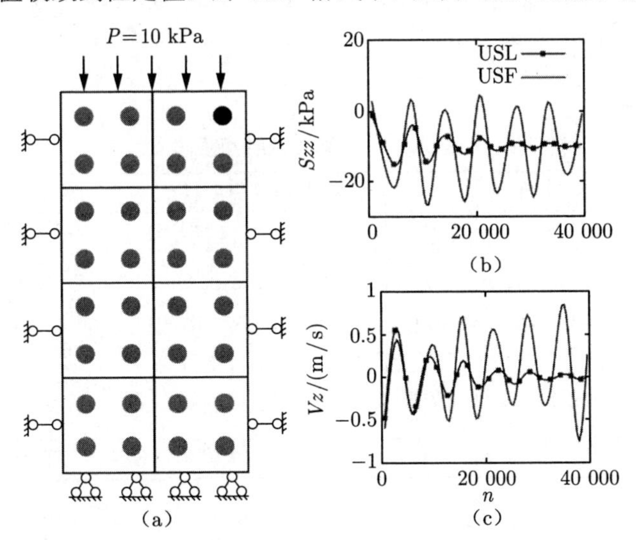

图 3.6　压力边界条件下不同计算格式收敛效果的对比

（a）力学模型；（b）黑色测点的压力变化；（c）黑色测点的垂向速度变化

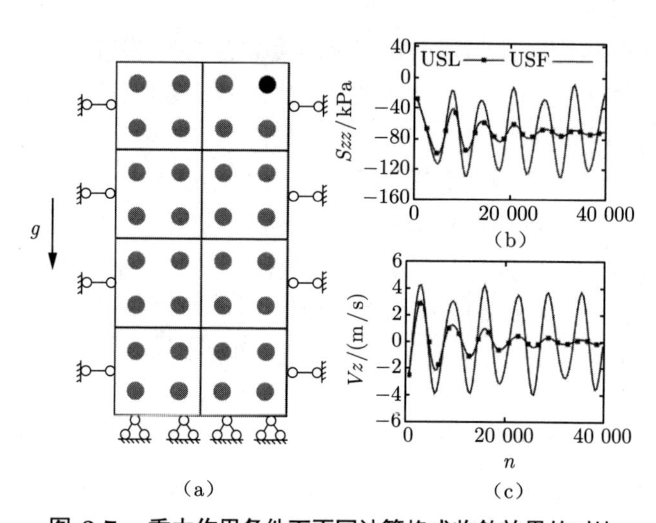

图 3.7 重力作用条件下不同计算格式收敛效果的对比

(a) 力学模型；(b) 黑色测点的压力变化；(c) 黑色测点的垂向速度变化

综上，针对问题的不同，需采用不同的计算格式，本节将不同计算格式的特点进行了总结，如表 3.2 所示，对于准静态问题，特别是初始地应力场构建时，需采用 USL + PIC + MPM 格式，而对于大变形问题，采用 USF + FLIP + GIMP 更合适。

表 3.2 计算格式特点汇总

	插值函数		物质点速度更新格式		应力计算次序	
计算格式	MPM	GIMP	PIC	FLIP	USF	USL
动能耗散	—	—	强	无	无	弱
特点	权函数低阶连续，易产生数值振荡	一阶导数连续，可避免数值振荡	产生非真实阻尼，不适用运动问题	无法用于计算准静态问题	保证能量守恒	节点质量出现在分母上，计算易崩溃
适用问题	准静态：USL + PIC + MPM			大变形：USF + FLIP + GIMP		

3.5 本章小结

本章简述了适用于颗粒介质大变形宏观模拟的物质点法的基本原理，针对常规物质点法中权函数空间导数不连续、体间接触、物质点信息更新格式三个方面，分别详细讨论了广义插值物质点法提出的背景和原理；物质点法接触算法的基本原理、算法改进与缺陷；更新格式中应力更新顺序、动量更新格式等引入的阻尼效果，以及不同格式的适用问题，为后面应用物质点法模拟颗粒介质提供完备的理论支撑。

第 4 章　物质点法在单相颗粒介质中的应用

物质点法作为无网格方法，适合解决大变形问题，但其连续介质方法的本质决定了宏观本构的关键地位。近几年不断有基于统计方法提出的、适用于颗粒介质的宏观本构关系被提出，如第 2 章介绍的 MiDi 流变理论[28]，以及以此为基础而发展的颗粒本构[31, 139]。考虑到 Drucker-Prager 已能够在某种程度上有效地模拟颗粒材料的大变形问题[161]，且本书重点在于发展适合颗粒介质大变形的连续介质算法，因而本章仍首先沿用带有拉伸判据的 Drucker-Prager 屈服函数，并以此模拟岩土工程中经典的黏质边坡问题以及无黏颗粒流动；其次分析了单相物质点法接触模型的缺陷，采用块体离散元法与物质点法耦合模拟颗粒冲击块体问题；最后，尝试摒弃宏观本构，采用颗粒材料代表性体积单元直接提取应力应变关系，构建物质点法与颗粒离散元法多尺度建模框架。

4.1　物质点法模拟黏质边坡滑动与颗粒介质流动

本节采用带有拉伸判据的 Drucker-Prager 屈服函数对黏质边坡的滑动与颗粒介质流动过程进行模拟，且对无黏颗粒流动过程进行了物理实验的验证，以说明传统物质点法在模拟大变形问题时的有效性，亦为 4.2 节中模拟颗粒冲击进行宏观参数的反演。

4.1.1　本构关系

清华大学力学系张雄老师在其关于物质点法专著中总结了适合不同材料的本构关系[160]，本节选用弹塑性本构模拟颗粒介质的大变形行为。在弹性阶段，应力应变关系为线性，即

$$\sigma_{ij} = \lambda\varepsilon_{kk}\delta_{ij} + 2\mu\varepsilon_{ij} \tag{4.1}$$

其中，λ、μ 为拉梅常数，与弹性模量 E、泊松比 ν 满足

$$\begin{cases} E = \dfrac{\mu\left(2\mu+3\lambda\right)}{\mu+\lambda} \\ \nu = \dfrac{\lambda}{2\left(\lambda+\mu\right)} \end{cases} \tag{4.2}$$

剪切方向上，采用 Drucker-Prager 屈服面，即

$$f^{\mathrm{s}} = \tau + q_{\phi}\sigma_{\mathrm{m}} - k_{\phi} \tag{4.3}$$

其中，f^{s} 表示剪切方向的屈服函数；$\tau = \sqrt{J_2}$ 为等效剪应力，其中 $\boldsymbol{J}_2 = \boldsymbol{s}_{ij}\boldsymbol{s}_{ij}/2$ 为偏应力张量的第二不变量，$\boldsymbol{s}_{ij} = \sigma_{ij} - \sigma_m\delta_{ij}$ 为偏应力张量；q_{ϕ} 为摩擦系数；$\sigma_{\mathrm{m}} = I_1/3$ 为球应力，其中 $I_1 = \sigma_{kk}$ 为应力的第一不变量；k_{ϕ} 为纯剪切条件下的屈服应力。q_{ϕ} 和 k_{ϕ} 与内摩擦角和黏聚力的关系为

$$\begin{cases} q_{\phi} = \dfrac{3\tan\phi}{\sqrt{9+12\tan^2\phi}} \\ k_{\phi} = \dfrac{3c}{\sqrt{9+12\tan^2\phi}} \end{cases} \tag{4.4}$$

采用非关联的塑性势函数：

$$\psi^{\mathrm{s}} = \tau + q_{\psi}\sigma_{\mathrm{m}} \tag{4.5}$$

其中，q_{ψ} 为膨胀系数，与膨胀角 ψ 关系等同于式（4.4）中 q_{ϕ} 与 ϕ 的关系。如果膨胀角 ψ 与内摩擦角 ϕ 相等，则变为关联塑性势函数。

拉伸方向上，屈服函数为

$$f^{\mathrm{t}} = \sigma_{\mathrm{m}} - \sigma^{\mathrm{t}} \tag{4.6}$$

其中，f^{t} 表示拉伸方向的屈服函数；σ^{t} 为抗拉强度。拉伸方向采用关联塑性势函数：

$$\psi^{\mathrm{t}} = \sigma_{\mathrm{m}} \tag{4.7}$$

如此看来，本节采用的是含拉伸破坏的 Drucker-Prager 屈服函数，图 4.1 为在 σ_{m}-τ 平面表示的屈服面。A 区域为弹性区，B 区域为剪切屈服区，C 区域为拉伸屈服区。既满足拉伸屈服又满足剪切屈服的应力状态，通过 BC 间虚线进行区分，虚线位置通过角度 $\alpha=\beta$ 进行确定，如此，任意应力状态只处在一个屈服区，采用一种应力修正模式。整体看来，弹塑性本构的本质是修正超出屈服面的应力状态返回至屈服面上，如图 4.1 中第 n 步的应力 σ_{ij}^{n} 在 $n+1$ 步试算中，$\sigma_{ij}^{n+1,*}$ 超出屈服面，则需要通过塑性势函数确定塑性应变增量 $\Delta\varepsilon_{ij}^{p}$，以确保真实的应力 σ_{ij}^{n+1} 落在屈服面上。屈服面的移动是通过应变软化/硬化条件实现的，这里假定屈服面不发生移动。

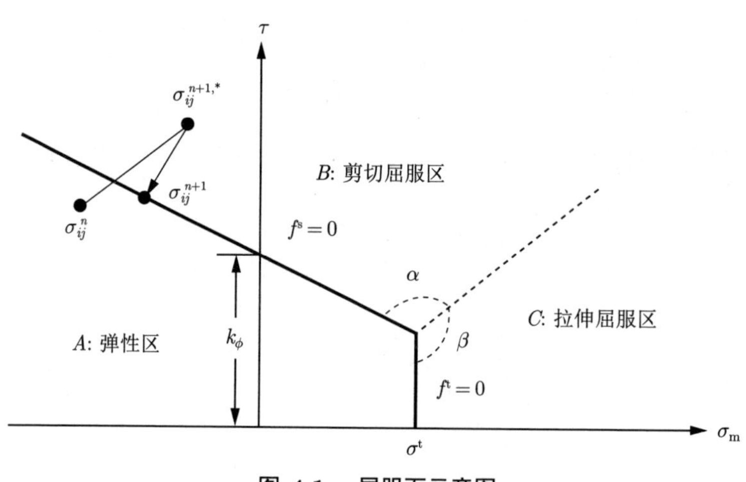

图 4.1　屈服面示意图

4.1.2　黏质边坡滑动

黏质边坡滑动问题为岩土工程中的经典问题，为直观显示本构关系与程序实现的有效性，设定如图 4.2 所示黏质边坡滑动模型，模型左、右边界为对称边界，底部为位移全约束，沿垂向受重力作用，其余边界为自由边界，表 4.1 为模型参数。由于坡体角度较大，在重力作用下可能发生滑动，采用物质点法模拟整个滑动直至稳定过程，需要指出，初始应力条件为弹性本构下的收敛解。

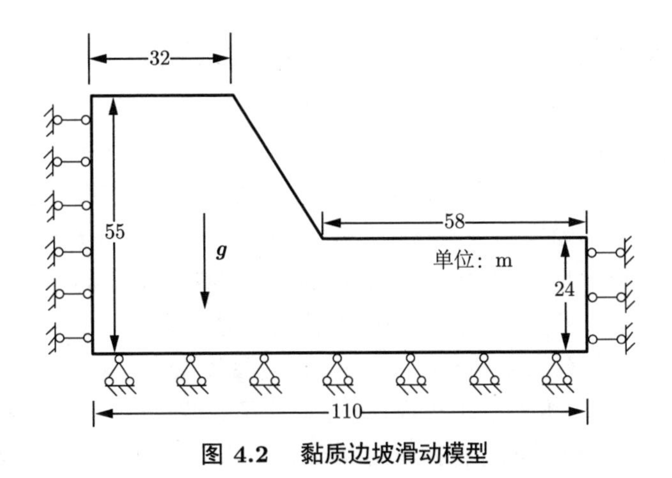

图 4.2　黏质边坡滑动模型

表 4.1　黏质边坡模型中材料参数

参数	弹性模量 E	泊松比 ν	黏聚力 c	抗拉强度 σ_t	摩擦角 ϕ	膨胀角 ψ
数值	70 MPa	0.3	9.8 kPa	20 kPa	20°	0°

图 4.3 表示了等效塑性体应变的时间演化过程，可以看出，塑性应变首先出现在坡脚位置，逐渐形成宏观剪切带，最大剪应变为 2.6，4 s 后滑动基本结束，坡体构型无明显变化，最终构型与黏聚力、内摩擦角参数相对应。由于本书研究重点在于颗粒材料，此例仅为直观复现经典岩土问题，因而不涉及过多的讨论，亦未设计对比试验进行验证，仅用以说明，基于弹塑性本构的物质点法可有效模拟宏观剪切带的形成与发育过程。

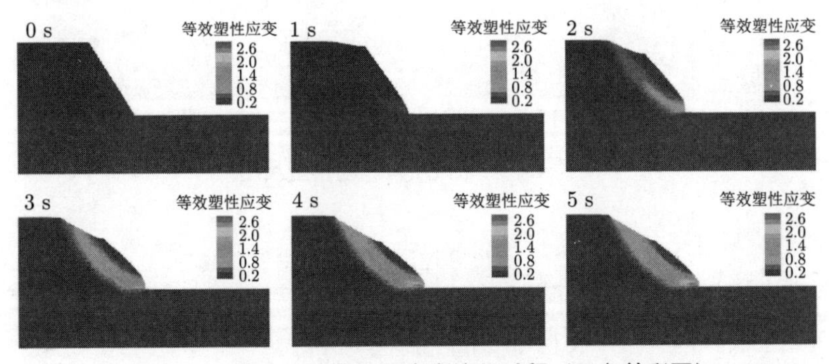

图 4.3　黏质边坡塑性体应变演化过程（见文前彩图）

4.1.3 无黏颗粒流动

为了验证物质点法在模拟颗粒介质大变形时的有效性，设计了颗粒介质流动的物理模型，如图 4.4 所示，水箱由厚度为 1 cm 的有机玻璃板制成，长、宽、高分别为 60 cm、20 cm、30 cm，陶瓷颗粒初始被挡板限定在 10 cm × 20 cm × 20 cm 的长方区域，待颗粒静止后，快速向右撤去挡板，此时颗粒受到重力作用发生流动，直至静止堆积成某一角度。该例中，首先计算静止堆积阶段的弹性收敛解，说明第 3 章讨论的动量更新格式对收敛效果的差异性；其次，以此收敛解作为初始条件，采用弹塑性本构，模拟了颗粒流动过程，定量对比了颗粒流动形态的数模结果与试验结果，为后续模拟颗粒冲击问题反演宏观本构的材料参数。表 4.2 为模型参数，由于是颗粒材料，因而无黏聚力、无抗拉强度；弹性模量、泊松比为颗粒材料连续化后的材料参数，而非陶瓷颗粒的弹模与泊松比，摩擦角与最后堆积角度基本相等。数值模型中背景网格的几何尺度为 1 cm，二维情况下，每个背景网格中含有 4 个物质点，如此，共有 800 个物质点参与计算。

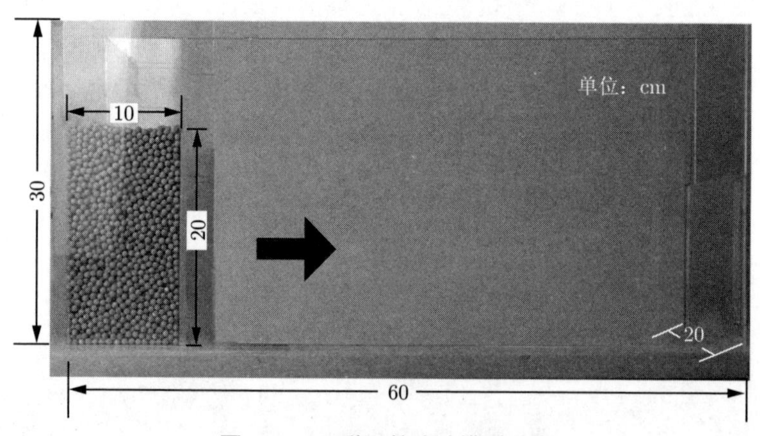

图 4.4 无黏颗粒流动模型尺度

表 4.2 无黏颗粒流动模型中材料参数

参数	弹性模量 E	泊松比 ν	黏聚力 c	抗拉强度 σ_t	摩擦角 ϕ	膨胀角 ψ
数值	50 kPa	0.4	0 kPa	0 kPa	22°	0°

颗粒堆积阶段。第 3 章对物质点法中不同计算格式进行了详细讨论，颗粒介质受挡板限制时，受重力作用，应力自上而下均匀分布，因而，首先需要对静止堆积阶段的应力分布进行计算。图 4.5（a）为式（3.60）中出现的不同阻尼系数下，模型弹性解的动能耗散情况，可以看出，阻尼系数越大，动能耗散耗散越快。图 4.5（b）为最终弹性收敛解的垂向应力分布，可以看出水平向应力分布均匀，垂向应力随埋深增加而增加，符合预期。

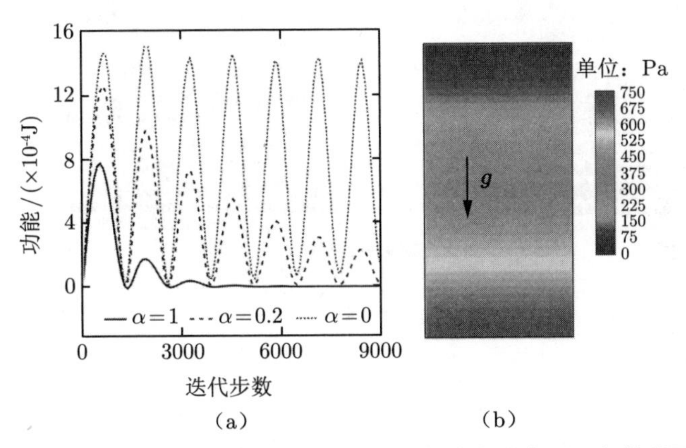

图 4.5　无黏颗粒静止堆积阶段动能耗散与应力分布（见文前彩图）

颗粒流动阶段。以弹性解为初始条件，释放挡板处的位移限制，采用前述弹塑性模型本构对颗粒介质流动过程进行模拟，图 4.6 为不同时刻颗粒流动的数值模型与实验结果的对比，其中，云图显示的是水平向的速度。可以看出，由于颗粒无黏，从流动到静止过程非常迅速，基本发生在 0.5 s 内，模拟结果与试验结果基本相同。为定量对比试验结果与模拟结果，图 4.7 对比了流动过程中，3 个特征时刻（0.1 s，0.2 s，0.3 s）的颗粒自由表面的空间位置，可以看出试验结果与模拟结果可以较好地定量吻合。

至此可以看出，采用含拉伸破坏的 Drucker-Prager 本构在某种程度上可以模拟颗粒流动问题，但需要指出，本构模型中参数的选择是通过不断试算反演出来的，因而模型参数的确定仍是较大的问题，但考虑到本书的核心在于发展适合颗粒介质的模拟方法，而非颗粒介质复杂本构的构建，因而仍选用相对简单的弹塑性本构进行颗粒流动的模拟。此例中的模型参数将为同一物理实验中颗粒冲击模拟提供参考。

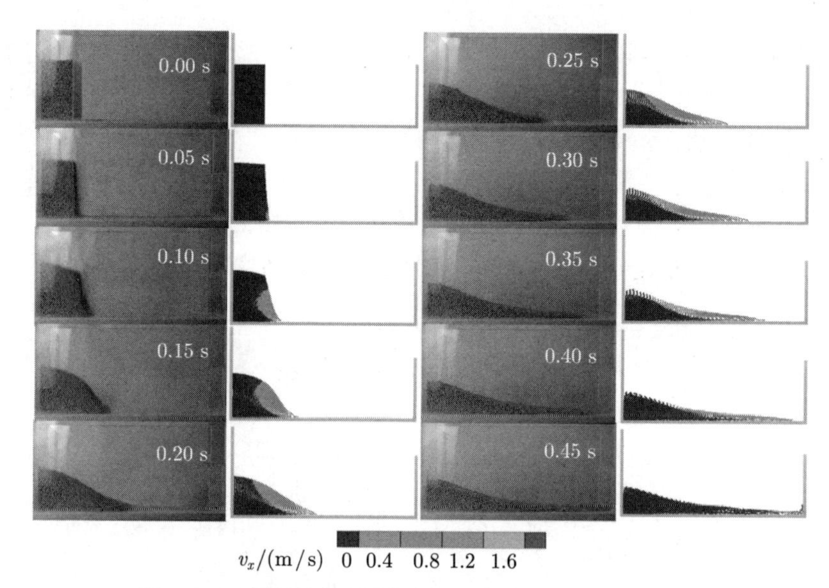

图 4.6 颗粒流动过程试验与数模对比（见文前彩图）

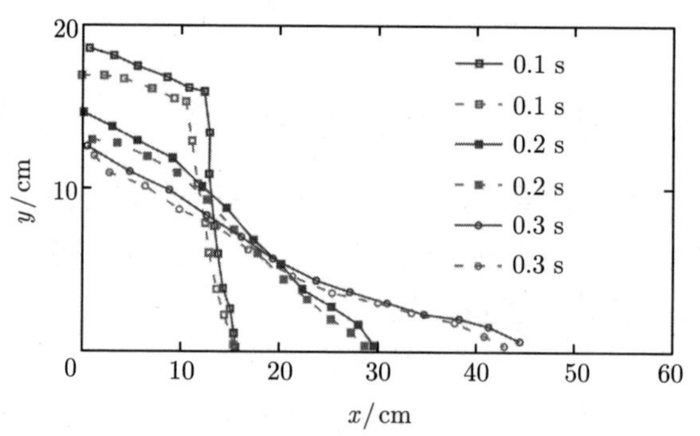

图 4.7 不同时刻下颗粒自由表面形态数模与试验对比

实线代表试验结果，虚线代表模拟结果

4.2 物质点法与块体离散元法模拟颗粒冲击

碎屑流灾害发生后，将对建筑物产生冲击，因而冲击力估计是灾害防治中的重要方面。沿用 4.1 节中颗粒流动的物理模型，本节构建了颗粒流动对木块的冲击模型，为发展适合灾害冲击模拟的有效算法提供试验参考。本节首先介绍物理实验与基于物质点法接触模型的模拟结果，其次对物质点法中接触算法的缺陷进行分析，提出物质点法与块体离散元法耦合模拟冲击问题的思路，而后依次阐述了块体离散元法的基本算法，接触检测算法与验证，采用耦合算法模拟颗粒冲击的相关工作。

4.2.1 颗粒冲击木块的物理模型与物质点法模拟结果

如图 4.8 所示，沿用颗粒流动的物理模型，仅在其流动方向上设置 3 个垂直排布的木块，自上而下分别标号为 1、2、3，木块左边界至水箱左边界为 30 cm，木块尺寸均为 2 cm × 19.8 cm × 1.8 cm。木块宽度小于水箱宽度 2 mm，以保证木块不受前、后边界的限制，可自由运动，3 号木块被固定在桌子上，以代表建筑物基础，通过相机记录整个颗粒冲击木块过程。颗粒材料参数与上例无黏颗粒流动模型完全相同，木块材料参数为真实参数，弹性模量为 50 MPa，泊松比为 0.5，摩擦系数为 0.6。

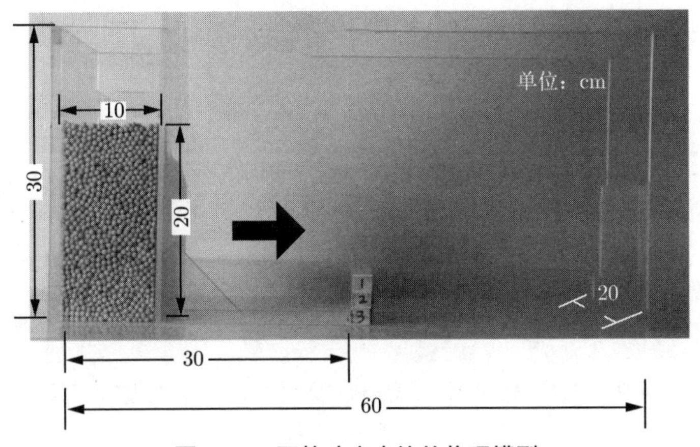

图 4.8 颗粒冲击木块的物理模型

最初，采用传统物质点法建立二维冲击模型，发现颗粒对木块撞击模拟完全无法与试验结果相匹配，后建立三维数值模型，冲击模拟过程如图 4.9 所示，图 4.10 为试验过程中冲击发生瞬时的木块位置，可以看出，标号为 1 和 2 的木块在冲击过程中会发生翻转，而在数模过程中无翻转现象，究其原因，问题出在物质点法中的接触算法上。

如第 3 章所述，物质点接触算法的核心是两体对同一背景网格节点存有动量差，因而对于静止接触问题（如此例中，初始静止垂直排布的木块）采用物质点法接触算法，若判断存在接触，则需高位置的木块一直下降，以保证接触两体间存在动量差，这与静止接触的物理图像相悖。此外，物质点接触算法中接触法向是通过质量梯度求得的，如式（3.48）所示，对于两体接触，可以采用平均法向作为接触法向以保证动量守恒，但由图 4.10 可以看出，接触瞬间是多体（颗粒与木块、木块与木块）同时接触，此时，若采用各体的质量梯度作为接触法向，就无法保证动量守恒，若采用两体平均法向作为接触法向，多体间如何配对又会影响计算结果。接触法向对应法向接触力，进而影响切向接触力的修正，因而在接触力计算中，接触法向的确定十分重要，采用质量梯度作为接触法向的做法太过粗糙，难以用于多体接触问题。综上，本例由于牵扯多体接触，且初始时刻存在静止接触问题，因而采用传统物质点法中的接触算法无法准确模拟木块翻转等现象。考虑到木块为块体，特别适合可变形块体离散元法进行模拟，而颗粒流动行为可被物质点法有效复现，因而耦合可变形离散元法与物质点法应是模拟颗粒冲击过程的有效方法。

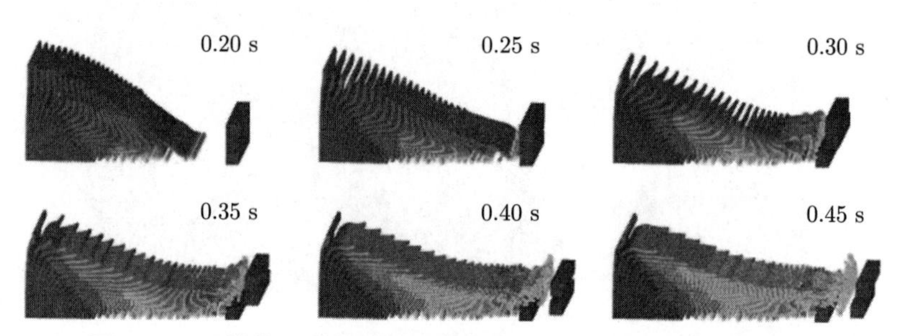

图 4.9　三维物质点接触算法模拟颗粒冲击过程（见文前彩图）

云图代表速度

图 4.10　颗粒冲击木块瞬时木块翻转情形

4.2.2　可变形块体离散元法

可变形块体离散元方法是离散元法的一种，其单元为块体，而非第 2 章所述的球形颗粒。在可变形离散元法中，单元位置与变形通过节点位置唯一确定，控制方程为单元节点的运动方程：

$$\boldsymbol{p}_{iV} = f_{iV}^{\text{int}} + f_{iV}^{\text{ext}} + f_{iV}^{\text{con}} \tag{4.8}$$

其中，$\boldsymbol{p}_{iV}$ 为节点动量变化率；下标 V 代表节点；f_{iV}^{int} 为节点内力；f_{iV}^{ext} 为节点外力；f_{iV}^{con} 为节点接触力。节点内力反映了单元的变形情况，可由插值法[162]、有限体积法[163] 和有限元法[164] 等方法计算得到。这里，单元变形力由单元刚度根据节点位移计算得到，即

$$\{\boldsymbol{F}\} = [\boldsymbol{K}^e]\{\boldsymbol{u}\} \tag{4.9}$$

其中，$\{\boldsymbol{F}\}$ 为节点内力矢量，对于平面 4 节点单元，对应 8 个分量。而式（4.8）中节点 V 的内力 f_{iV}^{int} 为单元一个节点力的两个分量，$\{\boldsymbol{u}\}$ 为节点位移矢量，$[\boldsymbol{K}^e]$ 为通过最小势能原理推得的单元刚度矩阵。有限元基本原理早已被大众所熟悉，因而无须赘述，但考虑到初始规则的矩形单元在变形过程中各节点位移任意，无法保证各边时刻平行，因而需要采用等参单元。

如图 4.11 所示，等参变换将整体坐标 (x,y) 中非规则的几何形状通过坐标变换转换为局部坐标系 (ξ,η) 中规则的形状，其中坐标和单元内场函数 $\phi(x,y)$ 采用相同数目的节点参数及相同的插值函数进行变换（等参意义），即

$$\begin{cases} x = \displaystyle\sum_{I=1}^{m} N_I(\xi,\eta)\, x_I \\ y = \displaystyle\sum_{I=1}^{m} N_I(\xi,\eta)\, y_I \\ \phi(x,y) = \displaystyle\sum_{I=1}^{m} N_I(\xi,\eta)\, \phi_I \end{cases} \tag{4.10}$$

其中，m 为单元插值点数目，对于线性变换，$m=4$；$N_I(\xi,\eta)$ 为局部坐标系下形函数，由于局部坐标下单元规则，因而其形函数容易构造，这便

是构造等参单元的核心所在。如此以来，局部坐标系中任意一点 (ξ_0, η_0) 对应着整体坐标系中的特定点 (x_0, y_0)，其场变量为 $\phi(x_0, y_0)$。本例中，单元仅由 4 节点控制，因而单元形函数仅为线性，关于其单元刚度矩阵的构造不再赘述。

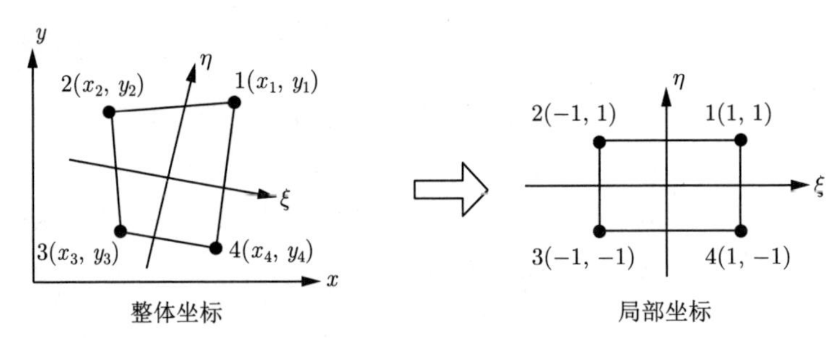

图 4.11　等参变换

单元节点外力为 $f_{iV}^{\text{ext}} = m_V b_i$，其中 m_V 为单元顶点 V 分配到的质量，b_i 为体力。计算单元节点所受接触力需引入接触算法，主要有公共面法[162]、边缩进法[165] 等。本书将三维边缩进方法简化至二维情况，提出缩进顶点方法进行接触判断。如图 4.12（a）所示，木块 I 的位置由节点 V_1、V_2、V_3、V_4 确定，类似地，块体 II 亦由 4 个节点构成，块体 I、II 进行接触判断时，将块体 I 视为判断单元，块体 II 视为目标单元（反之相同），判断单元的各顶点向交于该点的两边各缩进小段距离，生成接触测点，如顶点 V_1 生成接触测点 B、D。其中，B 点空间位置为

$$\boldsymbol{V}_1\boldsymbol{B} = \lambda \boldsymbol{V}_1\boldsymbol{V}_2 \tag{4.11}$$

其中，λ 为缩进系数，这里取值为 1.0%。若接触测点到目标单元某一边的距离小于预设值，且该接触测点在对边内部，则判断上一个接触。如图 4.12（a）所示，测点 B 到目标边 W_1W_2 的距离为

$$d = \boldsymbol{n} \cdot \boldsymbol{CB} \tag{4.12}$$

其中，$\boldsymbol{n}$ 和点 C 分别为目标边 W_1W_2 的法向与中点。如果接触测点在目标边内部，则需满足

$$0 < r = \frac{\boldsymbol{W}_1\boldsymbol{B} \cdot \boldsymbol{W}_1\boldsymbol{W}_2}{|\boldsymbol{W}_1\boldsymbol{W}_2|^2} < 1 \tag{4.13}$$

如此，可以根据 r 确定接触测点的对应点，接触力则可根据两点间的相对位置进行计算。此外，需要指出判断单元亦是目标单元，因而当出现图 4.12（b）所示两对边平行接触和图 4.12（c）所示同一顶点生成的两测点都满足接触条件时，由于对于同一接触进行了两次判断，各接触的接触力均需减半。

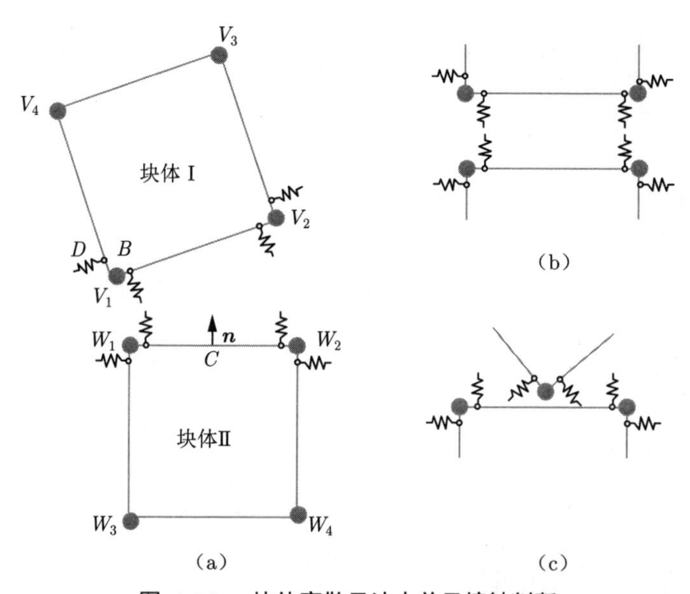

图 4.12　块体离散元法中单元接触判断

（a）单元构成；（b）接触特例一：线接触；（c）接触特例二：点接触

采用缩进顶点的算法，通过将一个点概化为分别处于相邻两边的接触测点，将各边外法向作为接触法向，有效处理了点接触的接触法向确定问题，计算更为方便合理，此外，对于任意接触类型，如点–点、点–线、线–线，无须加以区分，按照缩进顶点的算法即可统一处理。作者曾将顶点缩进法作为裂纹扩展面的接触检测方法对裂纹扩展过程进行模拟，相关工作可参照文献 [166]。

4.2.3　块体离散元法接触算法的验证

本书基于缩进顶点方法，发展了可变形块体离散元法的接触算法。由于块体可为任意形状，为验证顶点缩进方法无须区分接触类型，在二维情况下，设定三角形单元受重力自由下落，底部固定两个相互间隔的四边形的力学模型，定性验证接触算法的有效性。图 4.13 表示了三角形单元的运动过程，可以看出下落过程无单元嵌套，三角形单元的运动符合直观判断。

图 4.13　三角形块体自由下落过程中的接触判断

为定量验证接触算法，选用地质力学里经典的倒塌算例进行计算。如图 4.14 所示，在坡体表面摩擦角大于坡体倾角 θ 的条件下，如果块体的倾角 α 大于坡体倾角，则块体保持静止，反之，如果块体倾角 α 小于倾角 θ，则块体将发生翻转，直观看来，块体倾角越大，其形状越扁平，因而越不容易发生翻转，反之角度越小，块体越瘦高，越容易发生翻转，此过程即为块体倾倒问题。块体翻转是通过测定块体前表面与坡面间的角度 β 表征的。此例中，宽 0.1 m，高 0.4 m 的块体倾角为 14.04°，材料参数直接采用文献 [163] 中的参数，即密度为 2500 kg/m^3，弹性模量为 30 GPa, 泊松比为 0.22，切向与法向弹簧刚度分别为 150 GN/m 和 123 GN/m，坡体摩擦系数为 1。

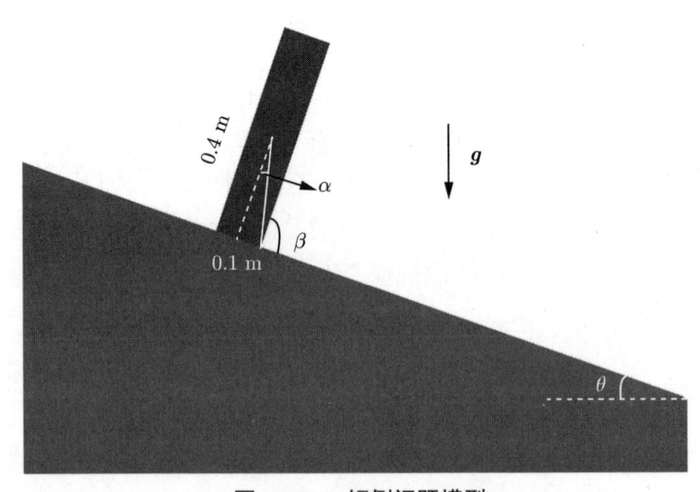

图 4.14　倾倒问题模型

图 4.15 为不同坡体角度下，$\theta = 14°$、14.1°、15°、16°、20°，翻转观测角 β 随时间的演化过程，可以看出，临界角度 θ 恰为 14.1°，与块体角度 14.04° 相对应，进而定量验证了顶点缩进法模拟块体间接触问题时的有效性。图 4.16 为坡体倾角为 20° 时块体的水平位移变化，可以直观观测块体的倾倒过程。

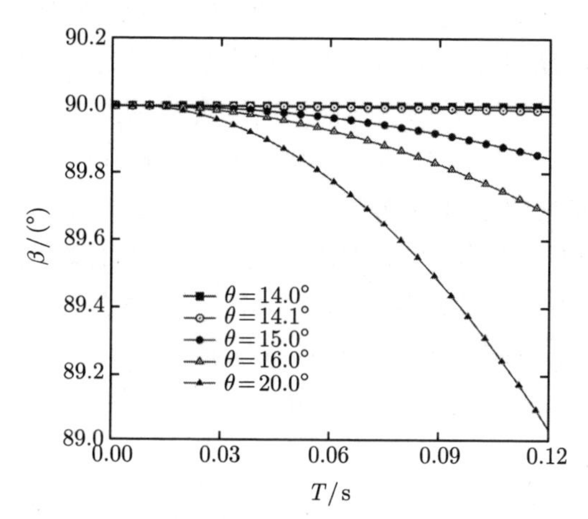

图 4.15　坡体不同角度下 β 角度的时间演化

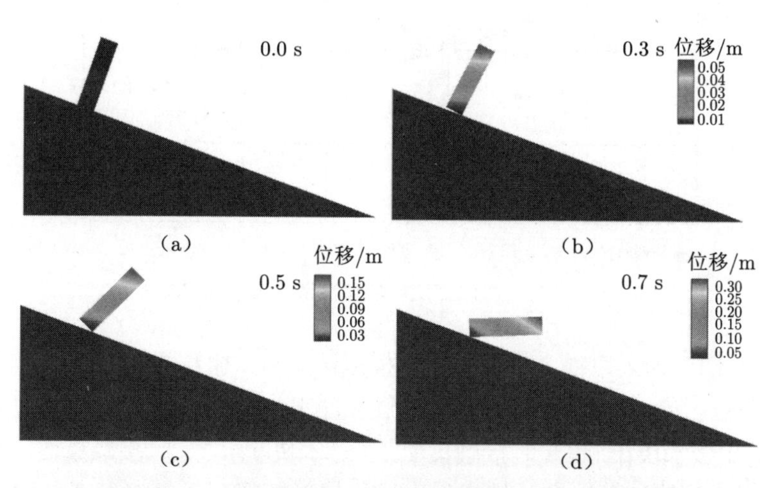

图 4.16　倾角为 20° 时块体倾倒过程（见文前彩图）

水平位移云图，单位为 m

4.2.4 块体离散元法与物质点法耦合模拟冲击问题

至此，颗粒介质流动可被物质点法有效模拟，木块可用块体离散元法进行建模，如何将物质点法与块体离散元法进行耦合是模拟颗粒冲击木块过程的关键。

考虑到块体离散元仅含有单元四节点的运动信息，如图 4.17 所示，在物质点法与块体离散元法耦合中，将离散单元概化为 9 个物质点，新增虚化物质点的动量等信息通过单元顶点插值得到。如此即可采用物质点法的接触算法计算颗粒与块体间对同一背景网格节点的动量贡献，进而得到块体离散元概化物质点由于接触产生的加速度，由于离散元单元的变形与空间位置仅由 4 个节点即可确定，因而只需将接触加速度施加到离散元顶点上。需要指出，块体间的接触仍采用缩进顶点的方法进行判断。如此，在颗粒冲击木块的模拟中，引入了两种数值方法，进而采用了两种接触模式编制相应二维程序对该过程重新模拟。

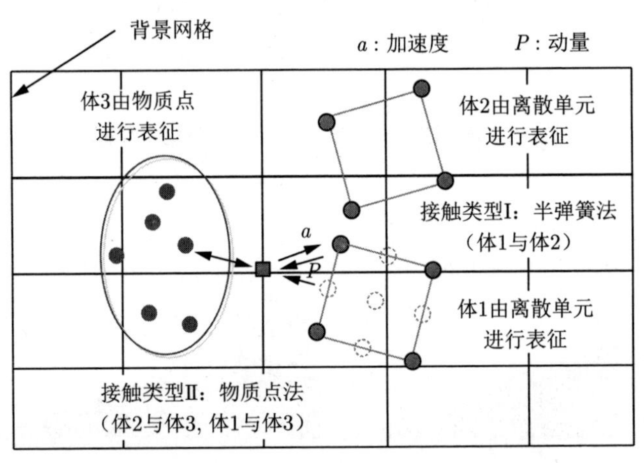

图 4.17 物质点法与块体离散元法耦合思路

图 4.18 为采用耦合算法的数值模拟结果与试验结果的对比。可以看出，颗粒在流动约 0.25 s 后对木块进行冲击，上层木块绕固定木块发生旋转，2 号木块在 0.4 s 时接触桌面，3 号木块在 0.5 s 时接触桌面，纯物质点法接触算法无法有效模拟的木块翻转现象得到了很好复现，模拟结果与试验结果基本匹配。

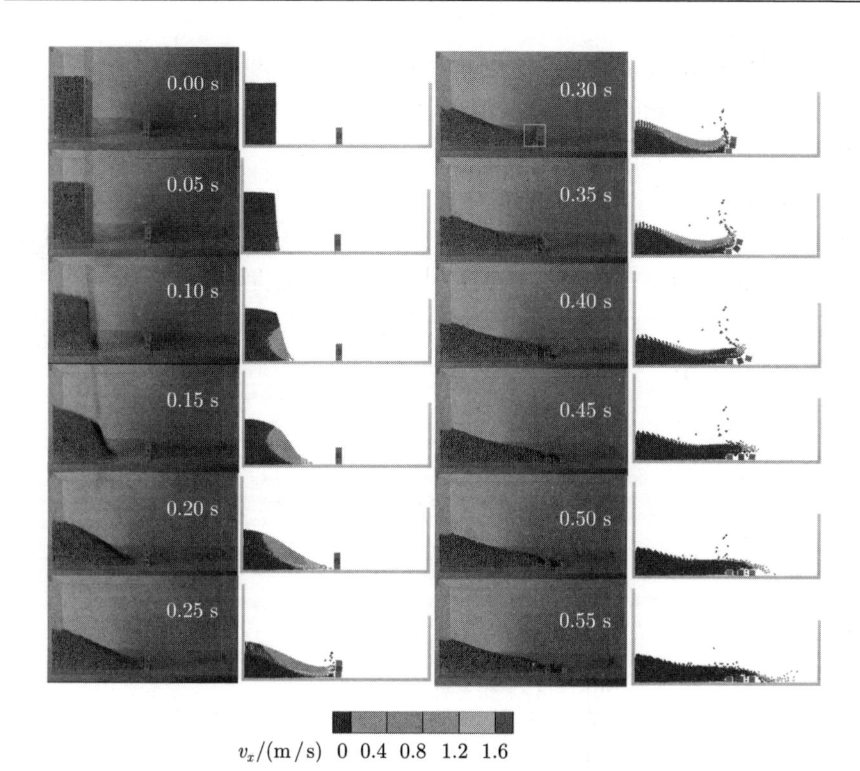

图 4.18 颗粒冲击木块过程耦合算法模拟结果与试验结果对比（见文前彩图）

图 4.19 为冲击瞬间，接触局部数值结果与试验结果的对比，可以更加直观地观测木块翻转。需要指出，由于在物质点法中，点代表子连续体，图 4.19 中空白区域在真实情况下已被连续介质占据，即使后处理中物质点与木块间存有孔隙，但实际上颗粒已与木块发生接触。

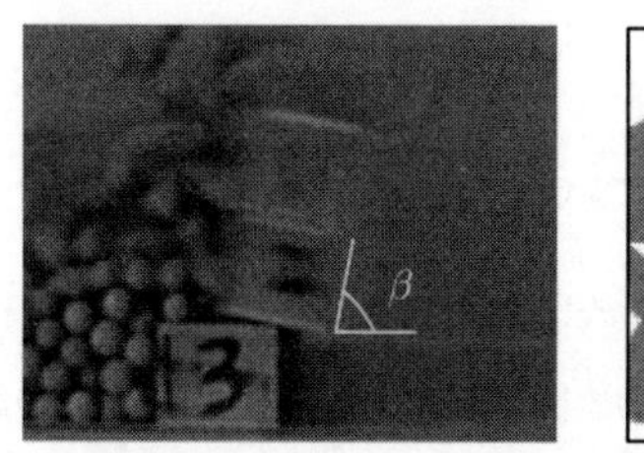

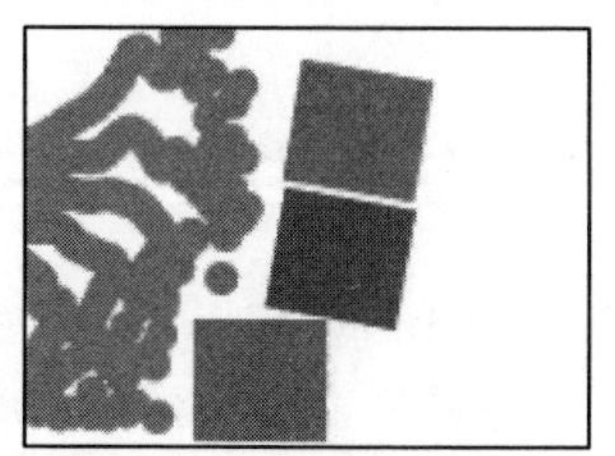

图 4.19 流动 0.3 s 后接触局部模拟结果与试验结果对比

将 2 号木块左边界与水平面的角度记为 β，图 4.20 对比了数值模拟

结果与试验结果中 β 的时间演化，可以看出，试验中，木块 2 在 0.25~0.4 s 旋转 90°，而在模拟中，旋转发生在 0.2~0.45 s。此外，试验中，2 号木块左边界最终距水箱左边界 34.6 cm，而在数模中，仅距 33.8 cm，3 号木块试验冲击距离为 40.1 cm，数模结果为 38.1 cm。这些差异一方面来自数值模型与试验模型维数的不同，另一方面，物质点法中的接触判断是通过不同体对同一背景网格节点有动量贡献实现的，隐含了两体在相距一个背景网格尺寸时即可发生接触，这就限定了物质点在接触判断时所代表的体积大小。

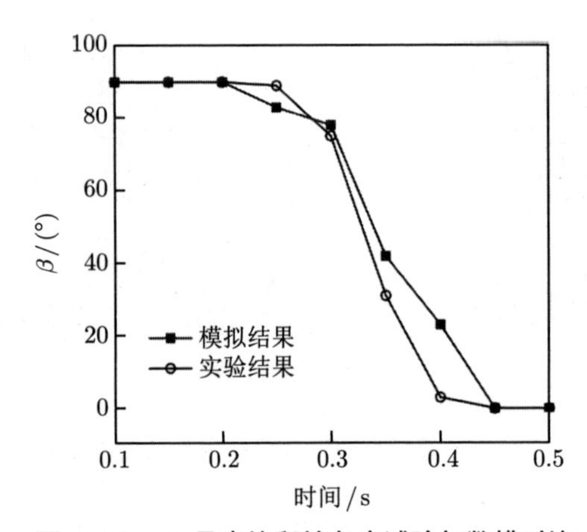

图 4.20　2 号木块翻转角度试验与数模对比

整体看来，在某种程度上采用物质点法与可变形离散元法耦合可有效地模拟颗粒冲击木块的过程，进而为碎屑流灾害对建筑物的冲击模拟提供思路。

4.3　物质点法与颗粒离散元法多尺度建模

第 2 章基于 DEM 追踪了每个颗粒的运动，进而确定性地演化整个颗粒体系，从颗粒尺度刻画颗粒介质宏观力学响应特性；第 3 章介绍了将颗粒介质进行连续化处理后，基于唯象本构对颗粒集合整体力学行为的连续介质描述，即物质点法。碎屑流等自然灾害具有 3 个典型特点：工程尺度、固–液自然转变、大变形。如此看来，离散元方法虽为认识颗粒介质结构、研究其内部物理过程提供了工具，但该方法计算强度大，人们可以承受的计算耗时限制了该方法在工程尺度中的应用。例如，常见的几十万方的碎屑流灾害含有几十亿计的颗粒，即使采用离散元法的 GPU 并行化，也需要较大的机时耗费，此时离散元法进行数值模拟的经济性便不再明显。另一方面，连续介质方法的核心是宏观本构，纵使一批具有实际应用价值的颗粒介质本构能够反映颗粒体系在某些特定边界条件下的力学响应，如前文中采用带有拉伸破坏的 Drucker-Prager 屈服函数，但若加以细究，唯象本构对颗粒介质复杂力学行为，如软化/硬化、应力与加载路径相关性、应变局部化等，难以全部统一描述，加之模型参数缺乏明确的物理意义，参数确定亦无据可循。

多尺度建模是指将宏观计算与离散元法计算有效关联的建模思路，大致分为 3 类建模方法：①从若干颗粒构成的代表性体积元中提取连续本构中所需的模型参数，如塑性应变等，宏观所得应变信息作为边界条件施加到代表元中[167]，此时仍需对唯象本构的适用性进行考量；②对重点研究区采用离散模型，而远端采用连续介质模型，如 Cosserat 体，进行跨尺度建模，这时，问题的难点在于模型交界面处的信息交换[168-169]；③完全摒弃显式本构模型，基于离散元法，从体积元中获取应力–应变关系，输入到连续介质数值计算方法中，实现大规模计算。这种黑箱建模思路是对颗粒介质建模研究的极大推进。其中，以有限元法与离散元法的层级建模为典型方法[125, 170]。此时，有限元中高斯积分点由离散颗粒集代表，颗粒集的输入量为由有限元得到的位移边界，而输出量为颗粒作用力在域内平均得到的柯西应力以及单元的切向刚度，以便形成整体刚度矩阵应用到有限元计算中。概括而言，该方法没有引入任何的连续本构模型，离散元研究颗粒结构，有限元研究宏观变形行为，有限元与离散元两者的优势得到了有效的结合。

有限元方法进行宏观求解时，大变形下会发生网格畸变，造成计算失真甚至崩溃。考虑到颗粒介质的力学状态变化剧烈，如在碎屑流灾害中观察到的固态–流态力学行为的自然转化，因而将多尺度建模思路扩展应用到大变形条件势在必行。任意的拉格朗日–欧拉单元（arbitrary lagrangian-eulerian element，ALE），网格相对于物体与空间独立运动，介于拉格朗日描述与欧拉描述之间，能有效避免网格畸变而被广泛应用到大变形问题中[171]。但该方法研究域的边界不能在变形过程中发生改变，如原始连续体变成多个散体的情况，因而也难以被应用到颗粒材料描述中。颗粒有限元（particle finite element method，PFEM）仍采用有限元思路记录网格节点的信息，网格不断重构，可被应用到颗粒介质大变形条件[172]，但复杂的网格构成拓扑关系增加了计算耗时。对颗粒介质进行多尺度建模，宏观数值方法采用无网格方法看似更为合适。较为流行的无网格方法主要有光滑粒子法（smoothed particle hydrodynamics，SPH）与本书介绍的物质点法，其中光滑粒子法中粒子之间通过核函数进行关联，在模拟流体流动、冲击等问题上很有优势，难点在于需虚设粒子来处理空间边界[114, 173]。物质点法作为适合大变形问题的数值方法，在描述颗粒介质流动中已展示其强大能力。

本节借鉴有限元与离散元多尺度建模的思路[125]，尝试建立可适用于大变形条件下的颗粒介质多尺度建模框架，宏观描述采用物质点法，应力–应变关系在离散元法模拟的体积元中提取，讨论了在大变形条件下适合颗粒介质的应变度量，客观评价了物质点法与离散元法进行多尺度模拟的优、缺点。

4.3.1 基本框架

多尺度建模的思路如图 4.21（a）所示，宏观采用物质点法进行计算，每个物质点对应一个颗粒代表性体积元，宏观物质点处的变形梯度通过边界条件施加到与之对应的颗粒代表性体积元中进行离散元计算，返回体积元内平均的接触应力，再进行物质点法的下一步计算。颗粒尺寸在毫米量级，常规计算机进行离散元模拟的计算规模为几万颗粒，其构成的试样尺寸大约在分米量级，而实际工程尺寸的连续体在千米量级，进行空间剖分后的子连续体的空间尺寸也在米量级，因而在多尺度建模过程中需要讨论尺寸匹配问题。如图 4.21（b）所示，按照代表性体积元的含义，当颗粒集合的尺寸达到一定量级后试样的本构关系将保持不变，因而由若干毫米量级的颗粒构成分米量级的代表性体积元与米量级的物质点满足相同的应力应变关系，进而，宏观计算得到的物质点上的变形梯度以边界条件施加到代表性体积元上，通过离散元法进行计算后返回的接触应力是可以直接施加到宏观物质点上的。

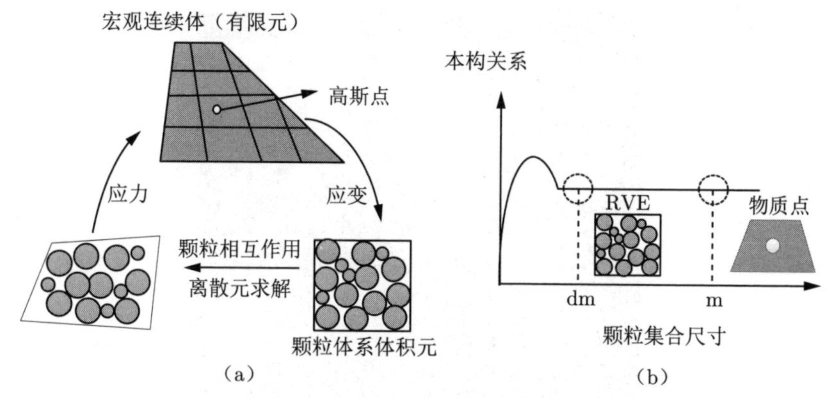

图 4.21　MPM/DEM 多尺度建模框架与尺寸讨论

(a) 多尺度建模的思路；(b) 多尺度建模过程中的尺寸匹配问题

4.3.2　多尺度建模关键点

采用物质点法与离散元法进行多尺度建模的难点是如何通过颗粒接触反馈宏观应力，此外，代表性体积元的构建（包括尺寸、颗粒级配、颗粒材料参数等）、大变形条件下应变度量和计算流程与程序实现等问题是进行多尺度分析的关键点，分别讨论如下。

(1) 代表性体积元的构建。每一个宏观物质点对应一个颗粒集合构成的代表性体积元，颗粒数目是多尺度建模中的一个关键问题。颗粒较少，构成的试样未达到代表性体积元尺寸时，应力会在极小应变条件下发生剧烈波动，无法表征稳定的应力应变关系，而当颗粒较多时会显著增加计算量。通过对代表元进行各项同性加载，研究特定颗粒数目的代表元中配位数的各向异性，可以用以设定合理的颗粒数目。在二维小变形条件下，文献 [125] 选用 400 个分散颗粒构成高斯积分点。为适应大变形条件，如图 4.22 所示，本书中每个代表性体积元中含有 900 个颗粒，颗粒粒径均匀分布在 $3 \sim 6$ mm，避免单一粒径在加载过程中形成晶状结构。各边均采用周期边界以保证质量守恒。颗粒的材料参数应通过实验率定，本书直接采用文献 [125] 中颗粒的材料参数，即密度为 2650 kg/m^3，弹性模量为 600 MPa，泊松比 0.8，表面摩擦系数为 0.5。作为初始条件，颗粒集合被各向同性压缩，围压设定为一小值，这里采用 5 Pa，以保证颗粒初始紧密排布，需要指出，初始围压仅起到压实作用，在重力作用下颗粒应力会根据变形进行调整。

图 4.22 若干颗粒组成的代表体积元

（2）应力传递。如第 2 章所述，颗粒介质的应力通常被分解为接触应力与动应力[174]，其中动应力正比于颗粒脉动速度的二阶矩，$\sigma_{ij}^k \propto \langle v_i' v_j' \rangle$，其中 $\langle \cdots \rangle$ 为系综平均操作，v_i' 为脉动速度，在稀疏颗粒流中，由于颗粒剧烈运动，动应力十分重要。考虑到应力分解的基础是对颗粒介质进行系综平均，而在多尺度建模过程中，颗粒集合对外力的抵抗来自瞬时构型，且应力实时更新，因而，离散元计算只需返回单元内的平均接触应力，即柯西应力：

$$\sigma_{ij} = \frac{\phi}{\sum\limits_{N_\mathrm{p}} V_\mathrm{p}} \sum_{N_\mathrm{p}} \sum_{N_\mathrm{c}} |\boldsymbol{x}_i^\mathrm{c} - \boldsymbol{x}_i^\mathrm{p}| \, \boldsymbol{n}_i^{\mathrm{c,p}} \boldsymbol{F}_j^\mathrm{c} \tag{4.14}$$

其中，ϕ 为颗粒的体积分数；N_p 为颗粒数目；N_c 为接触数目；$\boldsymbol{x}_i^\mathrm{c}$ 和 $\boldsymbol{x}_i^\mathrm{p}$ 分别为接触点与颗粒质心位置矢量；$\boldsymbol{n}_i^{\mathrm{c,p}}$ 为质心到接触点连线的单位法向；$\boldsymbol{F}_j^\mathrm{c}$ 为接触力矢量。式（4.14）是各颗粒所受应力在颗粒集合所占体积的空间平均，是通过均化处理对宏观变形的应力反馈。

（3）应变度量。宏观计算中，物质点向代表性体积元传递变形梯度，无须假定唯象本构，因而无须计算应变，但合适的应变度量对结果的分析十分重要，比如，通过对剪应变的分析，确定结构发生剪切破坏的起始位置。考虑到柯西应力与变形率是功率共轭的，因而选用欧拉描述下的 Almansi 应变作为应变度量，即

$$e_{ij} = \frac{1}{2}\left(\boldsymbol{u}_{i,j} + \boldsymbol{u}_{j,i} - \boldsymbol{u}_{k,i}\boldsymbol{u}_{k,j}\right) \tag{4.15}$$

其中，$\boldsymbol{u}_i$ 代表位移矢量。需要指出，适用于小变形假定下的线应变已无法客观反映结构的大变形情况，因而必须舍弃。

（4）计算流程与程序实现。采用物质点法与离散元法进行多尺度建模的主要计算流程为：①将物质点信息映射至背景网格节点；②计算节点内力、外力；③更新背景网格节点动量等信息；④计算物质点处的变形梯度；⑤将变形梯度作为边界条件输入到离散元计算中，返回柯西应力；⑥更新物质点的动量、位移信息；⑦进行下一步计算。物质点法程序通过 C ++编写得到，颗粒离散元的计算依托开源软件 YADE 实现[175]，由于 YADE 的命令基于 PYTHON 语言，因此需要实现 C ++与 PYTHON 间的语言调用与信息互换。

（5）并行化处理。考虑到每次模拟需要模拟近万步，每个时步需要循环近万个物质点，而每个物质点对应近千个颗粒，因而多尺度建模的计算规模是十分巨大的。本书将每个 DEM 计算存储为 string 型，采用 MPI4PY 进行并行加速。采用 200 物质点，每个物质点对应的代表性体积元中含有 400 颗粒，计算 100 步作为测试算例。测试工作站为 ThinkStation P910，主要参数为：128 GB 内存，16 核，主频为 2.3 GHz。图 4.23 表示了不同 CPU 核数下测试算例的计算时间，可以看出当 CPU 少于 16 核时，并行加速比几乎为线性，而在超线程阶段，加速效果变得不明显，但总体而言，采用基于 OPENMPI 的并行计算可有效减少计算时间。

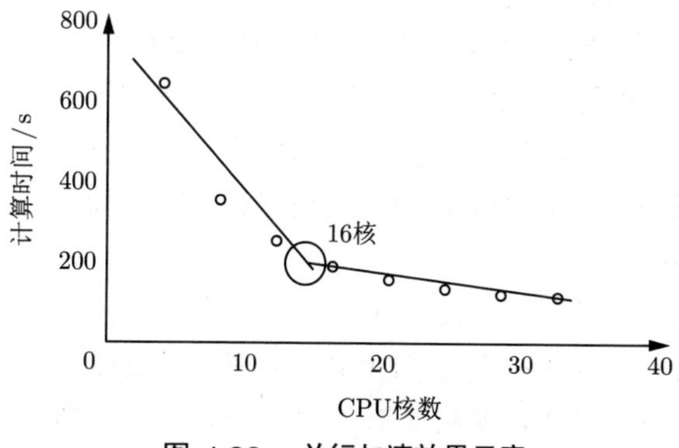

图 4.23　并行加速效果示意

4.3.3 沙堆倒塌算例

4.1 节无黏颗粒倒塌算例中，颗粒初始被挡板限制在一定区域内，移除挡板后，颗粒在重力作用下发生流动，直至到达一定角度静止。该过程从时间上看是从稳定到流动再到静止的过程，从空间上看，由于存在于静止区中，因而是类固态、类液态的颗粒介质比例不断变化的过程。虽然采用物质点法基于带有拉伸破坏的 Drucker-Prager 屈服准则，颗粒流动过程可以被很好地复现，但其中模型参数的物理意义并不明确，且参数确定通过反演得到，是一种事后模拟而不具有预言性。考虑到颗粒倒塌过程包含颗粒介质的不同力学状态与行为，非常适合研究大变形条件下多尺度建模的适用性。此例，初始颗粒仍被限定在宽 10 cm，高 20 cm 的矩形区域，背景网格的尺寸为 1 cm，每个背景网格初始含有 4 个物质点，因而，共 800 个物质点进行计算，每个物质点独立对应一个由 900 颗粒构成的代表性体积元。

通过反复迭代，图 4.24 反映了初始被限定的颗粒集合垂向应力分布，可以看出，压应力随深度增加而变大，且在水平向分布均匀。右侧分别为顶端与底端两个物质点所含的颗粒集合构成的力链网络，可以看出，底部的颗粒力链更密集，图中颜色反映了接触力的大小，顶端与低端最大接触力数值相差 30 倍，宏观应力的差异在微观接触的角度得到了很好验证。采用物质点法与离散元法进行多尺度建模，将宏细观进行关联，可有效描述颗粒体系静止堆积时类固态的力学行为。

图 4.25 为颗粒流动过程中垂向位移的演化，最大垂向位移达 16 cm，考虑到颗粒集合原始高度为 20 cm，因而是典型的大变形问题，若采用有限元计算该过程会发生网格畸变，甚至造成计算崩溃。图 4.25 中, 红色代表位移较小，从颗粒堆积形态可以明显看出，在倒塌过程中存在未变形区。采用物质点法与离散元法进行多尺度建模，未引入任何宏观本构，可以有效地模拟整个沙堆的坍塌过程，颗粒材料的类固态–类液态的力学行为得以被自然描述。

为更好地说明多尺度建模可将宏、细观进行关联，关注颗粒倒塌瞬时（如 0.1 s），按式（4.15）度量的应变所对应的等效剪应变（偏应变的第二不变量的开方）分布，如图 4.26 所示。可以看出，剪切变形最初在右侧底部集中，进而演化至全域。插图分别显示不同位置的代表性体积元的颗粒集合构型与对应的力链网络。左下方位置，由于颗粒近乎静止，因而代表性体积元变形不大，但相对于初始应力分布，由于缺少水平向位移约束，力链网络主要沿垂向；右下方位置，由于缺少约束从而会发生较大变形，颗粒相对稀松，近乎没有颗粒接触以抵抗外界变形；右上方位置，在此时刻，变形程度居中，力链网络主方向与剪切倒塌方向垂直，因而可以反映出在剪切倒塌方向已无力链支撑。综上可以看出，剪切变形与力链网络相协调，失稳往往发生在没有接触抵抗的方向。

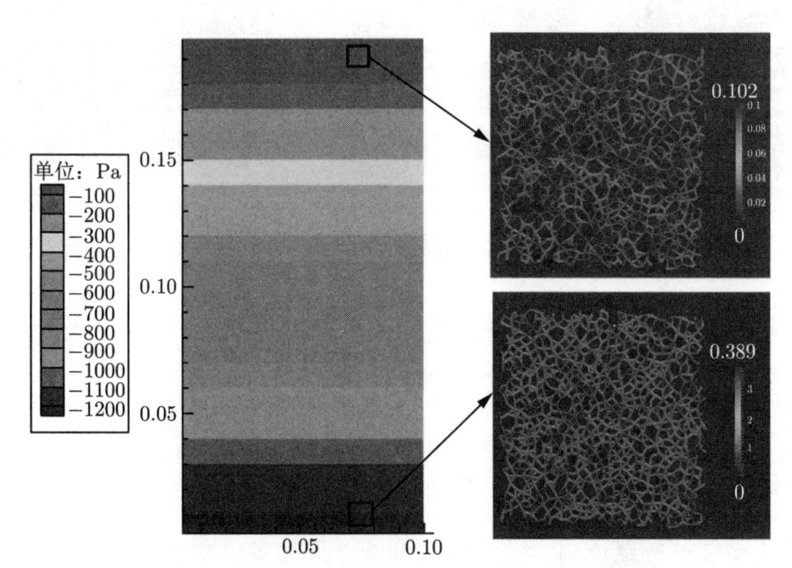

图 4.24　初始法向应力和力链分布（见文前彩图）

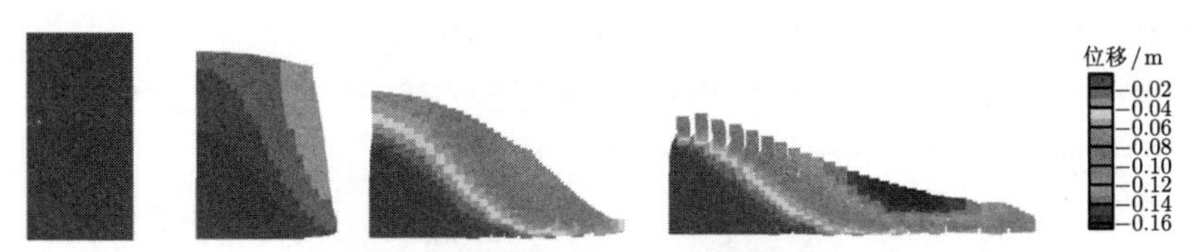

图 4.25　沙堆倒塌过程试验结果与数模结果对比（见文前彩图）

云图为水平向位移，单位为 m

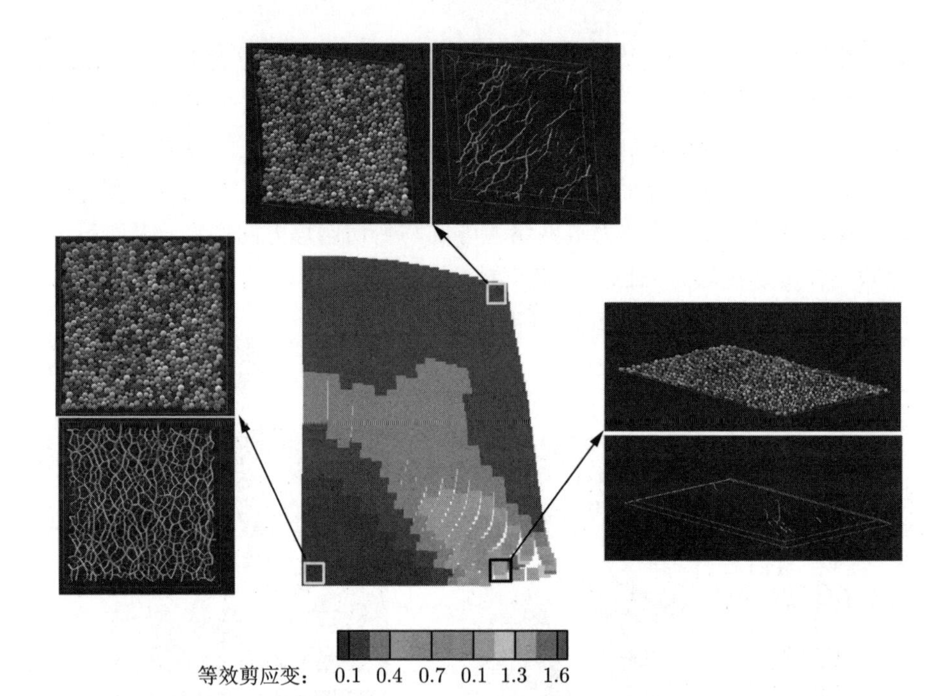

图 4.26　$T = 0.1$ s 等效剪应变分布与不同位置颗粒集合构型与力链网络（见文前彩图）

4.3.4　物质点法与离散元法多尺度建模方法的讨论

本节尝试构建适用于颗粒大变形条件下的多尺度建模框架，宏观计算采用物质点法，微观分析借助离散元法，宏观计算所得颗粒集合的变形作为边界条件输入，反馈颗粒接触应力在域内平均得到的柯西应力进行宏观计算，模拟了沙堆倒塌，主要有以下发现。

（1）重力作用下，初始应力场的构建过程中，颗粒集合的类固态行为被有效刻画，应力分布与接触力链网络相协调。

（2）颗粒流动过程中，类固态、类液态的力学行为被自然描述，流动过程存在稳定区。

（3）颗粒骨架抵抗变形的能力是宏观剪切变形的内禀因素，结构不均匀性导致动力响应的不均匀性。

采用物质点法与颗粒离散元法进行多尺度建模，摒弃了宏观本构，无须引入额外的物理意义并不十分明确的模型参数，仅通过颗粒尺度的弹性模量、泊松比以及摩擦系数即可描述整体力学行为，物理图像更为清晰、可信；由于物质点法为无网格方法，质点间通过背景网格节点相联系，特别适合大变形问题，可对颗粒介质流动行为进行描述，且模拟过程相对简单，无须构建复杂拓扑关系与位移插值函数；由于接触应力直接映射到背景网格节点影响其运动，无须组成刚度矩阵，避免求解高阶非线性方程组，计算效率得到有效地提高；控制方程建立在背景网格节点上，位移边界自然引入，无须虚设固定质点。

与此同时，与其他任何建模思路一样，采用物质点法与颗粒离散元法进行多尺度建模也存在缺陷。采用背景网格节点的形函数作为权函数，只为一阶连续，当有物质点穿越网格时，会产生数值振荡，纵使广义插值物质点法通过构建特殊的物质点特征函数，将权函数的空间导数连续化，但物质点法的精度远逊于有限元的高阶单元；物质点法作为无网格方法，研究域的边界并不十分明确，常用做法是将临近边界的物质点所在网格的边界作为研究域的边界，当施加应力边界时，背景网格受力并不能体现出物质点的空间位置差异引起的不同，在小变形条件下，这种误差并不明显，但当边界物质点发生较大位移时，应力的施加在物质点上的反馈就不十分准确，因而将物质点法应用到准静态的三轴压缩实验中，以描述试样屈服直至断裂过程仍比较困难；颗粒集合由于结构非均匀对边界条件的反馈差异明显，尤其在发生大变形条件时容易产生较大的应力波动，而巨大的应力波动会造成物质点法的计算不稳定，所以需要设定较小的时间步长，但也必然会带来较大的计算耗时；每个物质点都采用颗粒代表性体积元概化，每步宏观计算都要循环所有代表元中的几百甚至几千的颗粒，纵使并行化可加速计算，但真正应用到工程计算中（含有数十万物质点）仍不现实，在关心区域采用多尺度建模，在相对稳定区域采用弹性模型，应是将多尺度建模思路实际应用到工程中的有效途径。

综上，整体看来采用物质点法与离散元法进行颗粒介质的多尺度建模，可将颗粒宏、细观进行关联，适用于对于精度要求不苛刻的大变形问题，亦为对颗粒介质研究提供新的思路。

4.4 本章小结

本章采用物质点法模拟了单相物质点的若干问题。首先，基于唯象本构，模拟了黏质边坡滑动、无黏颗粒流动问题，其中无黏颗粒流动为颗粒冲击木块反演宏观本构参数；其次，分析了纯物质点法中接触算法的缺陷，采用可变形离散元法与物质点法耦合模拟颗粒介质冲击木块过程，并与试验结果进行对比；最后，考虑到颗粒介质宏观本构难以统一描述颗粒力学行为，加之模型参数无明确物理意义且确定困难，借鉴有限元与离散元对颗粒介质进行多尺度分析的思路，构建了物质点法与离散元法对颗粒介质进行多尺度建模框架，其中，宏观计算采用物质点法，每个物质点对应一个由颗粒集合构成的代表性体积元，宏观计算得到的物质点处的应变通过边界条件施加到颗粒代表性体积元中，通过离散元计算反馈域内平均得到的接触应力，再次进行宏观计算，如此摒弃了宏观本构，且能较好地模拟颗粒发生大变形的流动问题。

第 5 章　物质点法在两相颗粒介质中的应用

颗粒间孔隙被水充满的颗粒介质即为饱和多孔介质。基于连续介质假定的多孔介质理论[176-178]随处可见，由于认识问题角度的不同、学科背景的不同和符号不统一等若干原因，相关理论各成一派。本章以广义 Biot 理论[179-182]为基础，以 Lewis 专著 [183] 为主要参考，详细推导了颗粒可变形条件下多孔介质的控制方程，力图保证概念清晰、理论完备、简化有据。考虑固液相对加速度，推导了两套物质点表示的饱和多孔介质的空间离散格式，编写了相应程序，构建了饱和条件下颗粒介质滑动的物理模型，对比了数模结果与试验结果，并对结果进行了分析。本章所有推导采用张量的分量形式，并满足爱因斯坦求和约定。

5.1　多孔介质理论

5.1.1　基本概念

如图 5.1 所示，多孔介质由固体土颗粒、水与空气构成。在一个体积微元 $\mathrm{d}v$ 中，颗粒、水和空气占据的体积分别记为 $\mathrm{d}v^{\mathrm{s}}$、$\mathrm{d}v^{\mathrm{w}}$ 和 $\mathrm{d}v^{\mathrm{g}}$，下文中不加以说明，约定上标 π 表示 π 相变量，$\pi=\mathrm{s}$、w、g 分别表示固相、液相与气相。

孔隙率定义为孔隙体积与总体积的比值：

$$n=\frac{\mathrm{d}v^{\mathrm{w}}+\mathrm{d}v^{\mathrm{g}}}{\mathrm{d}v} \tag{5.1}$$

水的饱和度定义为水占据的体积与孔隙体积的比值：

$$S^{\mathrm{w}}=\frac{\mathrm{d}v^{\mathrm{w}}}{\mathrm{d}v^{\mathrm{w}}+\mathrm{d}v^{\mathrm{g}}} \tag{5.2}$$

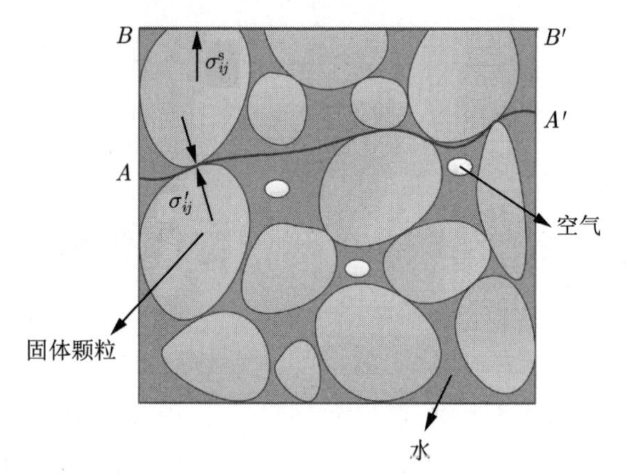

图 5.1 多孔介质物理模型

约定固相应力以拉为正，流体压力以压为正。固相的本构方程是通过有效应力引入的，Terzaghi 有效应力[184] 定义为通过颗粒骨架传递的作用力：

$$\sigma_{ij}=\sigma'_{ij}-p^{\mathrm{s}}\delta_{ij} \tag{5.3}$$

其中，σ_{ij} 为总应力；σ'_{ij} 为有效应力；p^{s} 为孔隙流体压力，是土体周围水与气体的平均压力。

需要指出，Terzaghi 有效应力定义中，横截面需通过颗粒间接触点，如图 5.1 中的 AA'，如果横截面切割固体颗粒，如图 5.1 中的 BB'，此时，固体颗粒内部微元的应力张量定义为 $\boldsymbol{\sigma}^{\mathrm{s}}_{ij}$，类似地，有 $\boldsymbol{\sigma}^{\mathrm{g}}_{ij}$ 和 $\boldsymbol{\sigma}^{\mathrm{w}}_{ij}$。对于多孔介质，宏观的平均应力为

$$\begin{aligned}\bar{\sigma}_{ij}&=\frac{1}{\mathrm{d}v}\int_{\mathrm{d}v}\sigma_{ij}\mathrm{d}v_{\mathrm{m}}=\frac{1}{\mathrm{d}v}\left(\int_{\mathrm{d}v^{\mathrm{s}}}\sigma_{ij}\mathrm{d}v_{\mathrm{m}}+\int_{\mathrm{d}v^{\mathrm{f}}}\sigma_{ij}\mathrm{d}v_{\mathrm{m}}\right)\\&=\frac{\mathrm{d}v^{\mathrm{s}}}{\mathrm{d}v}\boldsymbol{\sigma}^{\mathrm{s}}_{ij}+\frac{\mathrm{d}v^{\mathrm{f}}}{\mathrm{d}v}\left(\frac{\mathrm{d}v^{\mathrm{w}}}{\mathrm{d}v^{\mathrm{f}}}\boldsymbol{\sigma}^{\mathrm{w}}_{ij}+\frac{\mathrm{d}v^{\mathrm{g}}}{\mathrm{d}v^{\mathrm{f}}}\boldsymbol{\sigma}^{\mathrm{g}}_{ij}\right)\\&=(1-n)\,\boldsymbol{\sigma}^{\mathrm{s}}_{ij}+n\left(S^{\mathrm{w}}\boldsymbol{\sigma}^{\mathrm{w}}_{ij}+S^{\mathrm{g}}\boldsymbol{\sigma}^{\mathrm{g}}_{ij}\right)\end{aligned} \tag{5.4}$$

其中，$\mathrm{d}v^{\mathrm{f}}=\mathrm{d}v^{\mathrm{g}}+\mathrm{d}v^{\mathrm{w}}$ 对应流体的体积；S^{g} 为气体的饱和度，且有 $S^{\mathrm{g}}+S^{\mathrm{w}}=1$。对于流体相（水与气），应力张量为

$$\boldsymbol{\sigma}^{\pi}_{ij}=\tau^{\pi}_{ij}-p^{\pi}\delta_{ij},\quad \pi=\mathrm{g,w} \tag{5.5}$$

其中，τ_{ij}^{π} 为剪应力，与流体的速度梯度有关，在多孔介质中并不加以考虑。因而，式（5.4）可变为

$$\bar{\sigma}_{ij} = (1-n)\,\boldsymbol{\sigma}_{ij}^{\mathrm{s}} - n\left(S^{\mathrm{w}}p^{\mathrm{w}} + S^{\mathrm{g}}p^{\mathrm{g}}\right)\delta_{ij} \tag{5.6}$$

孔隙流体的平均压力为

$$p^{\mathrm{s}} = S^{\mathrm{w}}p^{\mathrm{w}} + S^{\mathrm{g}}p^{\mathrm{g}} \tag{5.7}$$

根据平衡原理，式（5.3）中的总应力 σ_{ij} 与式（5.6）中的平均应力 $\bar{\sigma}_{ij}$ 相等，则有

$$\begin{aligned}\sigma_{ij} &= (1-n)\,\boldsymbol{\sigma}_{ij}^{\mathrm{s}} - np^{\mathrm{s}}\delta_{ij} \\ &= (1-n)\left(\boldsymbol{\sigma}_{ij}^{\mathrm{s}} + p^{\mathrm{s}}\delta_{ij}\right) - p^{\mathrm{s}}\delta_{ij}\end{aligned} \tag{5.8}$$

对比式（5.8）与式（5.3），则有

$$\sigma_{ij}' = (1-n)\left(\boldsymbol{\sigma}_{ij}^{\mathrm{s}} + p^{\mathrm{s}}\delta_{ij}\right) \tag{5.9}$$

通过式（5.9）可以看出，有效应力并不简单等同于固相应力。

有效应力影响固体骨架的变形，而固相的变形来自两方面：①固体颗粒本身变形，与颗粒的平均应力有关；②固体颗粒间的相对位移，与颗粒间接触点的应力有关。Terzaghi 有效应力通过连接各接触点的平面导出，因而只考虑了固体颗粒间的相对位移，对于颗粒不可压缩条件是成立的，而对于颗粒可压缩的情形，Biot 将式（5.3）修正为[179-182]

$$\sigma_{ij} = \sigma_{ij}'' - \alpha p^{\mathrm{s}}\delta_{ij} \tag{5.10}$$

其中，α 称为 Biot 系数，与固体颗粒自身的变形有关。

平均孔隙流体压力 p^{s} 引起的固体颗粒的体应变为

$$\varepsilon_v^{\mathrm{s}} = -\frac{p^{\mathrm{s}}}{K^{\mathrm{s}}} \tag{5.11}$$

其中，K^{s} 是固体颗粒的体积模量。采用张量表达的体应变微分形式为

$$\mathrm{d}\left(\boldsymbol{\varepsilon}_v^{\mathrm{s}}\right)_{ij} = -\frac{\mathrm{d}p^{\mathrm{s}}}{3K^{\mathrm{s}}}\delta_{ij} \tag{5.12}$$

此时，微体应变为 $\mathrm{d}\boldsymbol{\varepsilon}_v^{\mathrm{s}}=\mathrm{d}\left(\boldsymbol{\varepsilon}_v^{\mathrm{s}}\right)_{ii}$。

由于固体骨架所对应的应变来自有效应力，此时，固体骨架的本构可以写成

$$\mathrm{d}\sigma'_{ij}=D_{ijkl}^{T}\left[\mathrm{d}\varepsilon_{kl}-\mathrm{d}\varepsilon_{kl}^{\mathrm{c}}-\mathrm{d}\left(\varepsilon_v^{\mathrm{s}}\right)_{kl}-\mathrm{d}\varepsilon_{kl}^{0}\right] \tag{5.13}$$

其中，D_{ijkl}^{T} 为切向刚度，$D_{ijkl}^{\mathrm{T}}=D_{ijkl}^{\mathrm{T}}\left(\sigma'_{ij},\varepsilon_{ij},\dot{\varepsilon}_{ij}\right)$；$\mathrm{d}\varepsilon_{kl}$ 为固体的全应变；$\mathrm{d}\varepsilon_{kl}^{\mathrm{c}}=g\left(\sigma'_{kl}\right)\mathrm{d}t$ 为蠕变应变；$\mathrm{d}\varepsilon_{kl}^{0}$ 为其他所有不直接依赖有效应力的应变。考虑到颗粒变形的情形，需要采用修正的有效应力 σ''_{ij} 以对应固相总应变。若不考虑 $\mathrm{d}\varepsilon_{kl}^{\mathrm{c}}$ 与 $\mathrm{d}\varepsilon_{kl}^{0}$，将式（5.12）代入式（5.13），则有

$$\mathrm{d}\sigma'_{ij}=D_{ijkl}^{\mathrm{T}}\mathrm{d}\varepsilon_{kl}+D_{ijkl}^{\mathrm{T}}\frac{\mathrm{d}p^{\mathrm{s}}}{3K^{\mathrm{s}}}\delta_{kl} \tag{5.14}$$

将式（5.14）代入式（5.3）中，则有

$$\begin{aligned}\mathrm{d}\sigma_{ij}&=D_{ijkl}^{\mathrm{T}}\mathrm{d}\varepsilon_{kl}+D_{ijkl}^{\mathrm{T}}\frac{\mathrm{d}p^{\mathrm{s}}}{3K^{\mathrm{s}}}\delta_{kl}-\mathrm{d}p^{\mathrm{s}}\delta_{kl}\\&=\mathrm{d}\sigma''_{ij}+D_{ijkl}^{\mathrm{T}}\frac{\mathrm{d}p^{\mathrm{s}}}{3K^{\mathrm{s}}}\delta_{kl}-\mathrm{d}p^{\mathrm{s}}\delta_{kl}\end{aligned} \tag{5.15}$$

其中，$\mathrm{d}\sigma''_{ij}=D_{ijkl}^{T}\mathrm{d}\varepsilon_{kl}$ 代表了引起固体全部变形的应力，即修正的有效应力。考虑到各向同性的弹性材料有[185]

$$D_{ijkl}^{\mathrm{T}}=\lambda\delta_{ij}\delta_{kl}+\mu\left(\delta_{ik}\delta_{jl}+\delta_{il}\delta_{jk}\right) \tag{5.16}$$

其中，λ 和 μ 为 Lame 常数，则式（5.15）可化为

$$\begin{aligned}\mathrm{d}\sigma_{ij}&=\mathrm{d}\sigma''_{ij}-\left(1-\frac{K^{\mathrm{T}}}{K^{\mathrm{s}}}\right)\mathrm{d}p^{\mathrm{s}}\delta_{ij}\\&=\mathrm{d}\sigma''_{ij}-\alpha\mathrm{d}p^{\mathrm{s}}\delta_{ij}\end{aligned} \tag{5.17}$$

其中，$K^{\mathrm{T}}=\lambda+\dfrac{2}{3}\mu$ 为固体骨架的体积模量，Biot 系数的定义为

$$\alpha=1-\frac{K^{\mathrm{T}}}{K^{\mathrm{s}}} \tag{5.18}$$

至此，含有颗粒变形的多孔介质的应变可通过修正的有效应力进行描述。

5.1.2　控制方程

多孔介质的控制方程为动量守恒、质量守恒与能量守恒，其中能量守恒常作为验证计算正确性的判据，而不真正对多孔介质的变形与运动进行控制。

1. 线动量平衡方程

微观尺度上的 π 相的动量守恒方程为

$$\sigma_{ij,j}^{\pi}+\rho^{\pi}g_i=\rho^{\pi}\boldsymbol{v}_i^{\pi} \tag{5.19}$$

其中，g_i 为重力加速度；$\boldsymbol{v}_i$ 为速度的时间导数。固相（$\pi=\mathrm{s}$）的动量方程同乘以 $(1-n)$，液相（$\pi=\mathrm{w}$）的动量方程同乘以 nS^{w}，气相（$\pi=\mathrm{g}$）同乘以 nS^{g}，将各相动量方程相加，并代入式（5.6)，可得宏观尺度上混合物的线动量守恒方程，即

$$-(1-n)\,\rho^{\mathrm{s}}\boldsymbol{v}_i^{\mathrm{s}}-nS^{\mathrm{g}}\rho^{\mathrm{g}}\boldsymbol{v}_i^{\mathrm{g}}-nS^{\mathrm{w}}\rho^{\mathrm{w}}\boldsymbol{v}_i^{\mathrm{w}}+\boldsymbol{\sigma}_{ij,j}+\rho g_i=0 \tag{5.20}$$

其中，$\rho=(1-n)\,\rho^{\mathrm{s}}+nS^{\mathrm{w}}\rho^{\mathrm{w}}+nS^{\mathrm{g}}\rho^{\mathrm{g}}$ 为多相系统的平均密度。此外，流体相对固相的运动由广义的 Darcy 定律控制，即

$$nS^{\mathrm{w}}\left(v_i^{\mathrm{w}}-v_i^{\mathrm{s}}\right)=\frac{kk^{\mathrm{rw}}}{\mu^{\mathrm{w}}}\left[-p_{,i}^{\mathrm{w}}+\rho^{\mathrm{w}}\left(g_i-\boldsymbol{v}_i^{\mathrm{w}}\right)\right] \tag{5.21}$$

$$nS^{\mathrm{g}}\left(v_i^{\mathrm{g}}-v_i^{\mathrm{s}}\right)=\frac{kk^{\mathrm{rg}}}{\mu^{\mathrm{w}}}\left[-p_{,i}^{\mathrm{g}}+\rho^{\mathrm{g}}\left(g_i-\boldsymbol{v}_i^{\mathrm{g}}\right)\right] \tag{5.22}$$

其中，k 为绝对渗透率；k^{rw} 与 k^{rg} 分别为水相与气相的相对渗透率，与各自的饱和度有关；μ^{w} 与 μ^{g} 为动力黏性。需要注意，由于 Darcy 定律的流速是横截面平均的相对流速，因而在式 (5.21) 和式 (5.22) 中，方程左边分别乘以了水相与气相的体积分数，此外还考虑了各相的惯性力。

2. 质量守恒

选用欧拉控制体，固相的质量守恒为

$$\frac{\partial\left[(1-n)\,\rho^{\mathrm{s}}\right]}{\partial t}+\frac{\partial\left[(1-n)\,\rho^{\mathrm{s}}v_i^{\mathrm{s}}\right]}{\partial x_i}=0 \tag{5.23}$$

流体相的质量守恒为

$$\frac{\partial\left(nS^{\pi}\rho^{\pi}\right)}{\partial t}+\frac{\partial\left(nS^{\pi}\rho^{\pi}v_i^{\pi}\right)}{\partial x_i}=\pm\dot{m},\quad \pi=\mathrm{w,g} \tag{5.24}$$

其中，$\dot{m}$ 是两相的质量交换，对应着水的蒸发过程，对于水相为负，对于气相为正。将式（5.23）展开，忽略 $(1-n)\,\rho^{\rm s}$ 的空间梯度，则有

$$\frac{1-n}{\rho^{\rm s}}\frac{\partial \rho^{\rm s}}{\partial t}-\frac{\partial n}{\partial t}+(1-n)\,\frac{\partial v_i^{\rm s}}{\partial x_i}=0 \tag{5.25}$$

将式（5.24）展开，同样忽略 $nS^{\pi}\rho^{\pi}$ 的空间梯度，则有

$$\frac{\partial n}{\partial t}+\frac{n}{S^{\pi}}\frac{\partial S^{\pi}}{\partial t}+\frac{n}{\rho^{\pi}}\frac{\partial \rho^{\pi}}{\partial t}+n\frac{\partial v_i^{\pi}}{\partial x_i}=\frac{\pm \dot{m}}{S^{\pi}\rho^{\pi}} \tag{5.26}$$

将式（5.25）与式（5.25）相加，则有

$$\frac{1-n}{\rho^{\rm s}}\frac{\partial \rho^{\rm s}}{\partial t}+(1-n)\,\frac{\partial v_i^{\rm s}}{\partial x_i}+\frac{n}{S^{\pi}}\frac{\partial S^{\pi}}{\partial t}+\frac{n}{\rho^{\pi}}\frac{\partial \rho^{\pi}}{\partial t}+n\frac{\partial v_i^{\pi}}{\partial x_i}=\frac{\pm \dot{m}}{S^{\pi}\rho^{\pi}} \tag{5.27}$$

在变温受压过程中，需要考虑各相的压缩性。

水的压缩性。水的密度为 $\rho^{\rm w}=\rho^{\rm w}\,(p^{\rm w},T)$，其中，$p^{\rm w}$ 为水的压力，T 为温度，则有

$$\frac{1}{\rho^{\rm w}}\frac{\partial \rho^{\rm w}}{\partial t}=\frac{1}{\rho^{\rm w}}\left(\frac{\partial \rho^{\rm w}}{\partial p^{\rm w}}\frac{\partial p^{\rm w}}{\partial t}+\frac{\partial \rho^{\rm w}}{\partial T}\frac{\partial T}{\partial t}\right) \tag{5.28}$$

考虑到

$$\frac{1}{\rho^{\rm w}}\frac{\partial \rho^{\rm w}}{\partial p^{\rm w}}=\frac{1}{K^{\rm w}} \tag{5.29}$$

$$\frac{1}{\rho^{\rm w}}\frac{\partial \rho^{\rm w}}{\partial T}=-\beta^{\rm w} \tag{5.30}$$

其中，$K^{\rm w}$ 为水的体积模量；$\beta^{\rm w}$ 为热膨胀系数。此时，式（5.28）变为

$$\frac{1}{\rho^{\rm w}}\frac{\partial \rho^{\rm w}}{\partial t}=\frac{1}{K^{\rm w}}\frac{\partial p^{\rm w}}{\partial t}-\beta^{\rm w}\frac{\partial T}{\partial t} \tag{5.31}$$

固体颗粒的压缩性。大部分文献[186-188]中将固体颗粒密度视为孔隙流体压力、温度、有效应力第一不变量的函数，即 $\rho^{\rm s}=\rho^{\rm s}\,(p^{\rm s},T,\sigma'_{ii})$，但有效应力引起颗粒密度的改变不好理解。这里采用固相应力的第一不变量作为固相密度自变量进行推导，此时，固相密度 $\rho^{\rm s}=\rho^{\rm s}\,(\boldsymbol{\sigma}_{ii}^{\rm s},T)$，则有

$$\frac{1}{\rho^{\rm s}}\frac{\partial \rho^{\rm s}}{\partial t}=\frac{1}{\rho^{\rm s}}\left(\frac{\partial \rho^{\rm s}}{\partial \boldsymbol{\sigma}_{ii}^{\rm s}}\frac{\partial \boldsymbol{\sigma}_{ii}^{\rm s}}{\partial t}+\frac{\partial \rho^{\rm s}}{\partial T}\frac{\partial T}{\partial t}\right) \tag{5.32}$$

类比水相，有

$$\frac{1}{\rho^{\mathrm{s}}}\frac{\partial\rho^{\mathrm{s}}}{\partial\boldsymbol{\sigma}_{ii}^{\mathrm{s}}}=-\frac{1}{3K^{\mathrm{s}}} \tag{5.33}$$

$$\frac{1}{\rho^{\mathrm{s}}}\frac{\partial\rho^{\mathrm{s}}}{\partial T}=-\beta^{\mathrm{s}} \tag{5.34}$$

由于有效应力引起的应变为总应变中除去颗粒自身的应变，而颗粒自身应变来自孔隙水压力与温度，则有

$$\frac{1}{3}\frac{\partial\sigma_{ii}'}{\partial t}=K^{\mathrm{T}}\left(\frac{\partial v_i^{\mathrm{s}}}{\partial x_i}+\frac{1}{K^{\mathrm{s}}}\frac{\partial p^{\mathrm{s}}}{\partial t}-\beta^{\mathrm{s}}\frac{\partial T}{\partial t}\right) \tag{5.35}$$

由式（5.9），只考虑应力的时间变化，则有

$$\frac{\partial\sigma_{ii}'}{\partial t}=(1-n)\left(\frac{\partial\boldsymbol{\sigma}_{ii}^{\mathrm{s}}}{\partial t}+3\frac{\partial p^{\mathrm{s}}}{\partial t}\right) \tag{5.36}$$

对比式（5.35）与式（5.36），则有

$$\frac{\partial\boldsymbol{\sigma}_{ii}^{\mathrm{s}}}{\partial t}=\frac{3K^{\mathrm{T}}}{(1-n)}\left[\frac{\partial v_i^{\mathrm{s}}}{\partial x_i}+\left(\frac{1}{K^{\mathrm{s}}}-\frac{1-n}{K^{\mathrm{T}}}\right)\frac{\partial p^{\mathrm{s}}}{\partial t}-\beta^{\mathrm{s}}\frac{\partial T}{\partial t}\right] \tag{5.37}$$

将式（5.18）、式（5.33）、式（5.34）和式（5.37）代入式（5.32）中，整理得

$$\frac{1}{\rho^{\mathrm{s}}}\frac{\partial\rho^{\mathrm{s}}}{\partial t}=\frac{1}{1-n}\left[\frac{\alpha-n}{K^{\mathrm{s}}}\frac{\partial p^{\mathrm{s}}}{\partial t}-\beta^{\mathrm{s}}(\alpha-n)\frac{\partial T}{\partial t}-(1-\alpha)\frac{\partial v_i^{\mathrm{s}}}{\partial x_i}\right] \tag{5.38}$$

至此，将水相的压缩表达式（5.31）、固相的压缩表达式（5.38）代入式（5.27）中，并考虑孔隙流体压力表达式（5.7）与恒等式 $\frac{\partial S^{\mathrm{w}}}{\partial t}=-\frac{\partial S^{\mathrm{g}}}{\partial t}$，可得到水相的质量守恒方程（$\pi=\mathrm{w}$）：

$$\begin{aligned}&S^{\mathrm{w}}\left(\frac{\alpha-n}{K^{\mathrm{s}}}S^{\mathrm{w}}+\frac{n}{K^{\mathrm{w}}}\right)\frac{\partial p^{\mathrm{w}}}{\partial t}+S^{\mathrm{w}}S^{\mathrm{g}}\frac{\alpha-n}{K^{\mathrm{s}}}\frac{\partial p^{\mathrm{g}}}{\partial t}-\\&\beta^{\mathrm{ws}}\frac{\partial T}{\partial t}+S^{\mathrm{w}}(\alpha-n)\frac{\partial v_i^{\mathrm{s}}}{\partial x_i}+nS^{\mathrm{w}}\frac{\partial v_i^{\mathrm{w}}}{\partial x_i}+\\&\left(S^{\mathrm{w}}\frac{\alpha-n}{K^{\mathrm{s}}}p^{\mathrm{w}}-S^{\mathrm{w}}\frac{\alpha-n}{K^{\mathrm{s}}}p^{\mathrm{g}}+n\right)\frac{\partial S^{\mathrm{w}}}{\partial t}=\frac{\dot{m}}{\rho^{\mathrm{w}}}\end{aligned} \tag{5.39}$$

其中，$\beta^{\mathrm{ws}}=\beta^{\mathrm{s}}(\alpha-n)S^{\mathrm{w}}+n\beta^{\mathrm{w}}S^{\mathrm{w}}$。同理，可以推得气相的连续方程。

3. 能量守恒

为了保证本书的完整性，尽管能量守恒并不作为运动与变形的控制方程，这里仍简述其形式，但对具体推导与应用不加以详细讨论。π 相的能量守恒方程为

$$\frac{\partial\left(\rho^{\pi}e^{\pi}\right)}{\partial t}=-\frac{\partial\left(\rho^{\pi}e^{\pi}v_{i}^{\pi}\right)}{\partial x_{i}}-\frac{\partial q_{i}^{\pi}}{\partial x_{i}}-p^{\pi}\frac{\partial v_{i}^{\pi}}{\partial x_{i}}+\boldsymbol{\tau}_{ij}^{\pi}\frac{\partial v_{i}^{\pi}}{\partial x_{j}}+\rho^{\pi}R^{\pi}\tag{5.40}$$

其中，e^{π} 为单位质量的内能；q_i 为热流；p^{π} 为静水压力；$\boldsymbol{\tau}_{ij}^{\pi}$ 为偏应力张量；R^{π} 为热源。式（5.40）左边为单位控制体内能量的变化，右边各项分别为由于对流产生的内能改变率，由于传导产生的内能变化率，由于压力产生的可逆的内能变化，由于黏性耗散产生的不可逆的内能变化，热源贡献。考虑到连续方程：

$$\frac{\partial\rho^{\pi}}{\partial t}+\frac{\partial\left(\rho^{\pi}v_{i}^{\pi}\right)}{\partial x_{i}}=0\tag{5.41}$$

则式（5.40）可以转化为

$$\rho^{\pi}\frac{\partial e^{\pi}}{\partial t}+\rho^{\pi}v_{i}^{\pi}\frac{\partial e^{\pi}}{\partial x_{i}}=-\frac{\partial q_{i}^{\pi}}{\partial x_{i}}-p^{\pi}\frac{\partial v_{i}^{\pi}}{\partial x_{i}}+\boldsymbol{\tau}_{ij}^{\pi}\frac{\partial v_{i}^{\pi}}{\partial x_{j}}+\rho^{\pi}R^{\pi}\tag{5.42}$$

忽略黏性耗散引起的内能的变化，并将内能用比热和温度表示，相比气体、水和固体不可压，此时，$\pi=\mathrm{s}$、w 的内能方程为

$$\rho^{\pi}C^{\pi}\left(\frac{\partial T^{\pi}}{\partial t}+v_{i}^{\pi}\frac{\partial T^{\pi}}{\partial x_{i}}\right)=-\frac{\partial q_{i}^{\pi}}{\partial x_{i}}+\rho^{\pi}R^{\pi}\tag{5.43}$$

其中，C^{π} 为比热。

5.2　等温过程下两相物质点法理论

5.1 节基于广义的 Biot 理论，建立了三相变温过程的多孔介质理论框架，但考虑到问题的复杂性，这里只关注等温过程中饱和多孔介质的力学行为。等温对应所有温度项为零，饱和对应 $S^{\mathrm{w}}=1$，且其时间变化率为零。本节以混合物理论为基本假定，明确符号含义后，对饱和多孔介质的控制方程进行空间离散，给出了变量的迭代格式，并简述了编程步骤。

5.2.1　基本假定与符号约定

如图 5.2 所示，饱和土由固体土骨架与孔隙水构成，且分别由固相物质点与液相物质点表示，初始时，两套物质点占据相同的空间位置，随着饱和土发生变形，两套物质点间可能发生相对运动。混合物理论假定饱和土“任意”位置均存有固相土与液相水，而与是否是固相物质点还是液相物质点无关。在理解混合物概念时，“场”的概念尤为重要，所有土（混合物）物理量均是场变量，在不同位置处取值可能不同；此外，物质点所储存物理量对场变量的贡献与物质点的空间位置相关联。例如，固相物质点存储的孔隙率通过形函数可以映射（固相物质点位置与背景网格相关联）到混合物中，形成土的孔隙率场，然后就可得到任意位置的孔隙率，自然包括孔隙率在液相物质点位置的取值（液相物质点位置与背景网格节点相关联）。再如，固相速度场可由所有固相物质点存储的固相速度构建，因而可以获得任意位置的固相速度，若该位置是液相物质点所占位置，则可方便求出固–液相对速度在液相物质点的取值。

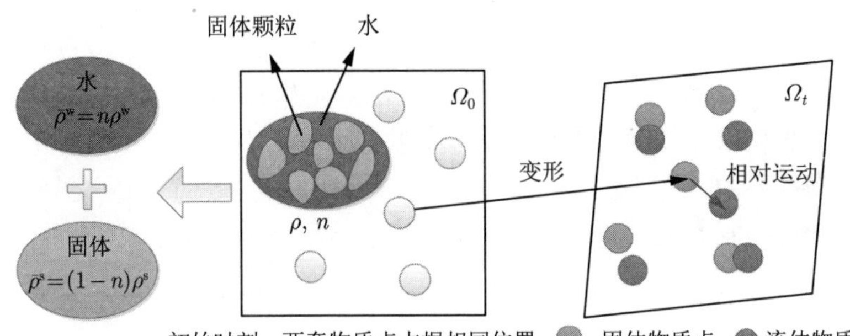

图 5.2　饱和土物质点法的物理基础

为进一步简化，本节引入如下基本假定。

（1）固体颗粒不可压缩，土骨架的变形都由颗粒空间位置的调整实现，而非颗粒的自身变形，此时，比奥系数为 1。

（2）Terzaghi 有效应力原理成立，即总应力可分解为有效应力与静水压力。

（3）考虑孔隙率、渗透系数的变化。

考虑到饱和多孔介质物质点法空间离散格式推导中符号较多，因而需要对符号进行明确约定。书中，$\dot{\boldsymbol{A}}_{ijI,j}^{\alpha,n}$ 圆点表示时间导数，上标 α 表示相，$\alpha=\mathrm{s}$、w、g 分别为固相、水相、气相，无 α 表示多孔介质，上标 n 为第 n 时步的结果，为便于区分，上标均采用正体，下标 ijI 中，ij 表示二阶张量在 ij 方向的取值，I 表示在背景网格节点上取值，I 位置若为 wp 则表示在液相物质点取值，若为 sp 则表示在固相物质点取值，下标逗号 j 表示 x_j 方向的空间导数，所有下标均为斜体。按照如此约定，固相速度场在液相物质点处的取值就可表示为 v_{iwp}^{s}。

5.2.2 控制方程

1. 液相加速度

液相加速度是由 Darcy 定律决定的，在饱和条件下，式（5.21）可整理为

$$\rho^{\mathrm{w}}\boldsymbol{v}_i^{\mathrm{w}}=-\frac{n\rho^{\mathrm{w}}g}{\boldsymbol{k}_{ij}}\left(v_j^{\mathrm{w}}-v_j^{\mathrm{s}}\right)-p_{,i}^{\mathrm{w}}+\rho^{\mathrm{w}}\boldsymbol{g}_i \tag{5.44}$$

其中，$\rho^{\mathrm{w}}=\rho^{\mathrm{w}}(x)$ 为液相密度；$\boldsymbol{v}_i^{\mathrm{w}}=\boldsymbol{v}_i^{\mathrm{w}}(x)$ 为液相加速度矢量；$n=n(x)$ 为孔隙率；g 为重力标量；$\boldsymbol{k}_{ij}=\boldsymbol{k}_{ij}(x)$ 为渗透系数张量；$p_{,i}^{\mathrm{w}}$ 为静水压力的空间梯度；$\boldsymbol{g}_i$ 为重力矢量。通过式（5.44）可以看出，这里液相的惯性力是被单独考虑的，而非等于固相加速度[189]，按照 Soga 的理论，液相与固相存在相对加速度，即单独考虑液相的惯性，对于饱和土体的失效分析是十分重要的[190]，因而，这里采用考虑液相加速度的 Darcy 定律作为流体的运动控制方恒。

2. 固相加速度

考虑混合物动量守恒中采用的全应力相对容易测量，因而另一个运动方程为混合物的动量守恒，在饱和条件下，式（5.20）可简化为

$$(1-n)\rho^{\mathrm{s}}\boldsymbol{v}_i^{\mathrm{s}}+n\rho^{\mathrm{w}}\boldsymbol{v}_i^{\mathrm{w}}=\boldsymbol{\sigma}_{ij,j}+(1-n)\rho^{\mathrm{s}}g_i+n\rho^{\mathrm{w}}g_i \tag{5.45}$$

其中，$\sigma_{ij}=\sigma_{ij}'-p^{\mathrm{w}}\delta_{ij}$ 为全应力；σ_{ij}' 为影响土骨架变形的有效应力（按照假定 1，不考虑固颗粒的变形）；p^{w} 是静水压力；δ_{ij} 为 Delta 函数。在求得液相加速度后，可根据式（5.45）计算固相加速度。

3. 质量守恒

多孔介质孔隙率的变化是通过质量守恒控制的，在颗粒不可压假定

下，将式（5.23）展开，并考虑到 $\dfrac{D\rho^{\mathrm{s}}}{Dt}=\dfrac{\partial\rho^{\mathrm{s}}}{\partial t}+v_i^{\mathrm{s}}\dfrac{\partial\rho^{\mathrm{s}}}{\partial x_i}=0$，则有

$$\frac{\partial(1-n)}{\partial t}+(1-n)\,v_{i,i}^{\mathrm{s}}+v_i^{\mathrm{s}}\frac{\partial(1-n)}{\partial x_i}=0 \tag{5.46}$$

5.2.3 空间离散格式

在推导控制方程的空间离散格式之前，需明确由于土是混合物，在空间任意点均存有固、液两相，因而根据广义插值物质点法，任意连续函数在域内 Ω 的积分可由任意相（对应混合物理论）的物质点的加和（对应物质点法）积分得到，选择何相的物质点，需要根据连续函数的意义选取，如

$$\int_{\Omega}f(x)\,\mathrm{d}V=\int_{\Omega^{\mathrm{w}}}\sum_{\mathrm{wp}}f(x_{\mathrm{wp}})\,\chi_{\mathrm{wp}}(x)\mathrm{d}V=\int_{\Omega^{\mathrm{s}}}\sum_{\mathrm{sp}}f(x_{\mathrm{sp}})\,\chi_{sp}(x)\mathrm{d}V \tag{5.47}$$

其中，$\chi_{\mathrm{wp}}(x)$ 和 $\chi_{\mathrm{sp}}(x)$ 分别为液相和固相物质点的特征函数，定义如式（3.15）。

1. 液相动量方程

式（5.44）的等效积分弱形式为

$$\begin{aligned}&\int_{\Omega}\rho^{\mathrm{w}}(x)\,\boldsymbol{v}_i^{\mathrm{w}}(x)\,w_i(x)\,\mathrm{d}V\\=&-\int_{\Omega}\frac{n(x)\,\rho^{\mathrm{w}}(x)\,g}{\boldsymbol{k}_{ij}(x)}\left[v_j^{\mathrm{w}}(x)-v_j^{\mathrm{s}}(x)\right]w_i(x)\,\mathrm{d}V-\\&\int_{\Omega}p_{,i}^{\mathrm{w}}(x)\,w_i(x)\,\mathrm{d}V+\int_{\Omega}\rho^{\mathrm{w}}(x)\,\boldsymbol{g}_i(x)\,w_i(x)\,\mathrm{d}V\end{aligned} \tag{5.48}$$

其中，$w_i(x)$ 为试函数，通过背景网格节点的形函数进行空间离散；$w_i(x)=\sum\limits_I w_i(x_I)N_I(x)$；空间积分采用液相物质点，且等号左右两边同时乘以孔隙率，进而可推得对于任何的试函数，有

$$\boldsymbol{v}_{iI}^{\mathrm{w}}\sum_{\mathrm{wp}}m_{\mathrm{wp}}^{\mathrm{w}}S_{I\mathrm{wp}}=-\sum_{\mathrm{p}}\frac{m_{\mathrm{wp}}^{\mathrm{w}}n_{\mathrm{wp}}g}{\boldsymbol{k}_{ij\mathrm{wp}}}\left(v_{j\mathrm{wp}}^{\mathrm{w}}-v_{j\mathrm{wp}}^{\mathrm{s}}\right)S_{I\mathrm{wp}}-$$

$$\int_{\partial\Omega^{\mathrm{w}}} t_i^{\mathrm{w}}(x)\, N_I(x)\,\mathrm{d}A+$$
$$\sum_{\mathrm{wp}} n_{\mathrm{wp}} p_{\mathrm{wp}}^{\mathrm{w}} V_{\mathrm{wp}} S_{I\mathrm{wp},i} + \sum_{wp} m_{\mathrm{wp}}^{\mathrm{w}} \boldsymbol{g}_{i\mathrm{wp}} S_{I\mathrm{wp}} \tag{5.49}$$

其中，t_i^{w} 为作用在水相的边界力；$S_{I\mathrm{wp}} = \dfrac{1}{V_{\mathrm{wp}}}\displaystyle\int_{\Omega^{\mathrm{w}}} \chi_{\mathrm{wp}}(x)\, N_I(x)\,\mathrm{d}V$ 为背景网格节点与液相物质点间关联的权函数。

2. 混合物动量守恒

式（5.45）的等效积分弱形式为

$$\int_{\Omega} [1-n(x)]\,\rho^{\mathrm{s}}(x)\,\boldsymbol{v}_i^{\mathrm{s}}(x)\,w_i(x)\,\mathrm{d}V + \int_{\Omega} n(x)\,\rho^{\mathrm{w}}(x)\,\boldsymbol{v}_i^{\mathrm{w}}(x)\,w_i(x)\,\mathrm{d}V$$
$$= \int_{\Omega} \sigma_{ij,j}(x)\,w_i(x)\,\mathrm{d}V + \int_{\Omega} [1-n(x)]\,\rho^{\mathrm{s}}(x)\,\boldsymbol{g}_i(x)\,w_i(x)\,\mathrm{d}V+$$
$$\int_{\Omega} n(x)\,\rho^{\mathrm{w}}(x)\,\boldsymbol{g}_i(x)\,w_i(x)\,\mathrm{d}V \tag{5.50}$$

其中，$w_i(x)$ 为任意试函数。考虑到 Terzaghi 应力分解，并根据积分项中的密度项，将域内连续函数的空间积分转化为特定相在该相离散物质点处取值的加和的空间积分，可推得

$$\boldsymbol{v}_{iI}^{\mathrm{s}} \sum_{\mathrm{sp}} m_{\mathrm{sp}}^{\mathrm{s}} S_{I\mathrm{sp}} + \boldsymbol{v}_{iI}^{\mathrm{w}} \sum_{\mathrm{wp}} m_{\mathrm{wp}}^{\mathrm{w}} S_{I\mathrm{wp}}$$
$$= \int_{\partial\Omega} t_i(x)\, N_I(x)\,\mathrm{d}A - \sum_{\mathrm{sp}} \sigma'_{ij\mathrm{sp}} V_{\mathrm{sp}} S_{I\mathrm{sp},i} +$$
$$\sum_{\mathrm{wp}} p_{\mathrm{wp}} V_{\mathrm{wp}} S_{I\mathrm{wp},i} + \boldsymbol{g}_{iI} \sum_{\mathrm{sp}} m_{\mathrm{sp}}^{\mathrm{s}} S_{I\mathrm{sp}} + \boldsymbol{g}_{iI} \sum_{\mathrm{wp}} m_{\mathrm{wp}}^{\mathrm{w}} S_{I\mathrm{wp}} \tag{5.51}$$

其中，t_i 为作用在混合物上的边界力；$S_{I\mathrm{sp}} = \dfrac{1}{V_{\mathrm{sp}}}\displaystyle\int_{\Omega^{\mathrm{s}}} \chi_{\mathrm{sp}}(x)\, N_I(x)\,\mathrm{d}V$ 为背景网格节点与固相物质点间关联的权函数。式（5.49）与式（5.51）的详细推导可参见附录 B。

5.2.4 时间迭代格式

1. 液相加速度

根据式（5.49），液相加速度的迭代格式为

$$\boldsymbol{v}_{iI}^{\mathrm{w,n+1}} m_I^{\mathrm{w,n}} = Q_{iI}^{\mathrm{w,n,int}} + Q_i^{\mathrm{w,n,ext}} \tag{5.52}$$

其中

$$\begin{cases} m_I^{\mathrm{w,n}} = \sum\limits_{\mathrm{wp}} m_{\mathrm{wp}}^{\mathrm{w,n}} S_{I\mathrm{wp}}^{\mathrm{n}} \\ Q_{iI}^{\mathrm{w,n,int}} = \sum\limits_{\mathrm{wp}} n_{\mathrm{wp}}^{\mathrm{n}} p_{\mathrm{wp}}^{\mathrm{w,n}} V_{\mathrm{wp}}^{\mathrm{n}} S_{I\mathrm{wp},i}^{\mathrm{n}} \\ Q_i^{\mathrm{w,n,ext}} = -\sum\limits_{\mathrm{p}} \dfrac{m_{\mathrm{wp}}^{\mathrm{w,n}} n_{\mathrm{wp}}^{\mathrm{n}} g}{\boldsymbol{k}_{ij\mathrm{wp}}^{\mathrm{n}}} \left(v_{j\mathrm{wp}}^{\mathrm{w}} - v_{j\mathrm{wp}}^{\mathrm{s}}\right) S_{I\mathrm{wp}}^{\mathrm{n}} - \\ \qquad \displaystyle\int_{\partial \Omega^{\mathrm{w}}} t^{\mathrm{w}}(x) N_I(x) \,\mathrm{d}A + \sum\limits_{\mathrm{wp}} m_{\mathrm{wp}}^{\mathrm{w,n}} \boldsymbol{g}_{i\mathrm{wp}} S_{I\mathrm{wp}}^{\mathrm{n}} \end{cases}$$

2. 固相加速度

根据式 (5.51)，固相加速度的迭代格式为

$$\boldsymbol{v}_{iI}^{\mathrm{s,n+1}} m_I^{\mathrm{s,n}} = f_i^{\mathrm{s,n,int}} + f_i^{\mathrm{s,n,ext}} - \boldsymbol{v}_{iI}^{\mathrm{w,n}} m_I^{\mathrm{w,n}} \tag{5.53}$$

其中

$$m_I^{\mathrm{s,n}} = \sum_{\mathrm{sp}} m_{\mathrm{sp}}^{\mathrm{s,n}} S_{I\mathrm{sp}}^{\mathrm{n}}$$

$$f_i^{\mathrm{s,n,int}} = -\sum_{\mathrm{sp}} \sigma_{ij\mathrm{sp}}^{\prime\mathrm{n}} V_{\mathrm{sp}}^{\mathrm{n}} S_{I\mathrm{sp},j}^{\mathrm{n}} + \sum_{\mathrm{wp}} p_{\mathrm{wp}}^{\mathrm{n}} V_{\mathrm{wp}}^{\mathrm{n}} S_{I\mathrm{wp},i}^{\mathrm{n}}$$

$$f_i^{\mathrm{s,n,ext}} = \int_{\partial \Omega} t_i(x) w_i(x) \,\mathrm{d}A + b_{iI}^{\mathrm{n}} \sum_{\mathrm{sp}} m_{\mathrm{sp}}^{\mathrm{s,n}} S_{I\mathrm{sp}}^{\mathrm{n}} + b_{iI}^{\mathrm{n}} \sum_{\mathrm{wp}} m_{\mathrm{wp}}^{\mathrm{w,n}} S_{I\mathrm{wp}}^{\mathrm{n}}$$

3. 各相速度、位移

对于 α 相的物质点速度与位移均通过节点插值得到，对应着阻尼系数为 1 的情况，即

$$v_{i\alpha\mathrm{p}}^{\alpha,\mathrm{n+1}} = v_{i\alpha\mathrm{p}}^{\alpha,\mathrm{n}} + \Delta t \sum_I \boldsymbol{v}_{iI}^{\alpha,\mathrm{n}} N_{I\alpha\mathrm{p}}^{\mathrm{n}} \tag{5.54}$$

$$x_{i\alpha\mathrm{p}}^{\alpha,\mathrm{n+1}} = x_{i\alpha\mathrm{p}}^{\alpha,\mathrm{n}} + \Delta t \sum_I v_{iI}^{\alpha,\mathrm{n}} N_{I\alpha\mathrm{p}}^{\mathrm{n}} \tag{5.55}$$

5.2.5 主要物理量更新格式

1. 孔隙率与渗透系数更新

多孔介质的孔隙率变化可由式（5.46）更新得到，本书从连续介质力学出发，通过拉格朗日描述，推得孔隙率变化的另一种表达。考虑到土骨架体积变化为

$$V_{\mathrm{sp}}(t)=J(X_{\mathrm{sp}},t)\,V_{\mathrm{p}}^{\mathrm{s}}(0) \tag{5.56}$$

其中，$J(X_{\mathrm{sp}},t)$ 为固相变形梯度张量 $\boldsymbol{F}_{ij\mathrm{sp}}^{\mathrm{s}}$ 的行列式；X_{sp} 为初始固相物质点坐标；变形梯度的计算如下：

$$\boldsymbol{F}_{ij\mathrm{sp}}^{\mathrm{s,n+1}}=\left(\delta_{ik}+\Delta t\sum_{I}v_{iI}^{\mathrm{s,n}}S_{I\mathrm{sp},k}^{\mathrm{n}}\right)\boldsymbol{F}_{kj\mathrm{sp}}^{\mathrm{s,n}} \tag{5.57}$$

根据固相质量守恒，土骨架均化密度 $\bar{\rho}^{\mathrm{s}}=\rho^{\mathrm{s}}\cdot(1-n)$ 在 t 时刻的表达式为

$$\bar{\rho}^{\mathrm{s}}(X_{\mathrm{sp}},t)=\frac{\bar{\rho}^{\mathrm{s}}(X_{\mathrm{sp}},0)}{J(X_{\mathrm{sp}},t)} \tag{5.58}$$

均化固相密度的改变全部来自孔隙率变化，则孔隙率在固相位置物质点处的更新格式为

$$n_{\mathrm{sp}}^{\mathrm{n+1}}=1-\frac{1-n_{\mathrm{sp}}^{0}}{J} \tag{5.59}$$

由于孔隙率参量都存在固相物质点上，为求得孔隙率在液相物质点位置的取值 $n_{\mathrm{wp}}^{\mathrm{n}}$，需先构建孔隙率场，即先计算孔隙率在背景网格节点上的取值：

$$n_{I}^{\mathrm{s,n}}=\frac{\sum\limits_{\mathrm{p}}m_{\mathrm{sp}}^{\mathrm{n}}n_{\mathrm{sp}}^{\mathrm{n}}S_{I\mathrm{sp}}^{\mathrm{n}}}{m_{I}^{\mathrm{s,n}}} \tag{5.60}$$

此时，孔隙率在液相物质点的取值通过在背景网格节点上的取值插值得到：

$$n_{\mathrm{wp}}^{\mathrm{n}}=\sum_{I}n_{I}^{\mathrm{s,n}}S_{I\mathrm{wp}}^{\mathrm{n}} \tag{5.61}$$

同样，由于液相质量守恒，液相物质点的体积更新为

$$V_{\mathrm{wp}}^{\mathrm{n}}=\frac{n_{\mathrm{wp}}^{0}V_{\mathrm{wp}}^{0}}{n_{\mathrm{wp}}^{\mathrm{n}}} \tag{5.62}$$

类似地，通过渗透系数在固相物质点位置的取值计算得到渗透系数在液相物质点位置的取值。土的渗透系数通常与颗粒级配、颗粒形状、孔隙率、颗粒粗糙程度有关。在大变形分析下，孔隙率的变化直接影响土的渗透性。根据 Kozeny-Carman 公式[191]，土的渗透性与孔隙率有如下关系：

$$k_{\mathrm{sp}}^{\mathrm{n}} = C_1 \frac{\left(n_{\mathrm{sp}}^{\mathrm{n}}\right)^3}{\left(1 - n_{\mathrm{sp}}^{\mathrm{n}}\right)^2} \tag{5.63}$$

其中，C_1 为实验参数。

总结起来，孔隙率以及各相体积的更新按照如下步骤进行：首先计算得到固相的变形梯度，进而求得与体积变化相关的雅可比矩阵，根据固相质量守恒且固体颗粒不可压缩假定，更新固相物质点位置的孔隙率，进而构造孔隙率场，推得液相物质点处的孔隙率，再由液相质量守恒更新液相物质点的体积。渗透系数的更新步骤与孔隙率的更新相同。

2. 孔隙水压力、有效应力更新

根据式（5.39），在等温饱和条件下，水压变化率为

$$\boldsymbol{p}^{\mathrm{w}} = -\frac{K^{\mathrm{w}}}{n}\left[(1-n)\, v_{i,i}^{\mathrm{s}} + n v_{i,i}^{\mathrm{w}}\right]$$

其中，K^{w} 为液相体积压缩模量。考虑到水压由液相物质点存储，因而在液相物质点的水压增量格式为

$$p_{\mathrm{wp}}^{\mathrm{w,n+1}} = p_{\mathrm{wp}}^{\mathrm{w,n}} - \Delta t \frac{K^{\mathrm{w}}}{n_{\mathrm{wp}}}\left[(1-n_{\mathrm{wp}})\, v_{i\mathrm{wp},i}^{\mathrm{s}} + n_{\mathrm{wp}} v_{i\mathrm{wp},i}^{\mathrm{w}}\right] \tag{5.64}$$

注意，$v_{i\mathrm{wp},i}^{\mathrm{s}}$ 表征的是固相速度散度场在液相物质点位置的取值，即液相物质点处的固相体积应变率，$v_{i\mathrm{wp},i}^{\mathrm{w}}$ 表征的是液相物质点处的液相体积应变率。

土骨架的应变率与旋转速率张量分别为

$$\boldsymbol{\varepsilon}_{ij\mathrm{sp}}^{\mathrm{s}} = \frac{1}{2}\left(\sum_I v_{iI}^{\mathrm{s}} S_{I\mathrm{sp},j} + \sum_I v_{jI}^{\mathrm{s}} S_{I\mathrm{sp},i}\right) \tag{5.65}$$

$$\boldsymbol{\Omega}_{ij\mathrm{sp}}^{\mathrm{s}} = \frac{1}{2}\left(\sum_I v_{iI}^{\mathrm{s}} S_{I\mathrm{sp},j} - \sum_I v_{jI}^{\mathrm{s}} S_{I\mathrm{sp},i}\right) \tag{5.66}$$

固相应变与有效应力的迭代更新格式为

$$\varepsilon_{ij\mathrm{sp}}^{\mathrm{s,n+1}} = \varepsilon_{ijsp}^{\mathrm{s,n}} + \boldsymbol{\varepsilon}_{ij\mathrm{sp}}^{\mathrm{s,n}} \Delta t \tag{5.67}$$

$$\sigma_{ij\mathrm{sp}}^{\prime\mathrm{s,n+1}} = \sigma_{ij\mathrm{sp}}^{\prime\mathrm{s,n}} + \boldsymbol{\sigma}_{ij\mathrm{sp}}^{\prime\mathrm{s,n}} \Delta t \tag{5.68}$$

其中，$\boldsymbol{\sigma}'_{ij}$ 为有效应力的材料时间导数，其表达式为

$$\boldsymbol{\sigma}'_{ij\mathrm{sp}} = \sigma_{ij\mathrm{sp}}^{\nabla} + \sigma'_{ik\mathrm{sp}} \boldsymbol{\Omega}_{jk\mathrm{sp}} + \sigma'_{jk\mathrm{sp}} \boldsymbol{\Omega}_{ik\mathrm{sp}} \tag{5.69}$$

其中，σ_{ij}^{∇} 为客观 Jaumann 应力率，在大变形中可消除刚性转动的影响，土体本构采用 Drucker-Prager 模型，详见第 4 章。

5.2.6 编程步骤

整体看来，两物质点法的耦合机理如图 5.3 所示，根据考虑惯性力的达西定律确定液相物质点的运动，根据液相质量守恒更新水压，确定液相加速度后，根据混合物动量守恒确定固相物质点运动，根据固相本构关系更新有效应力，而有效应力与孔隙水压力又对混合物动量守恒有贡献。根据固相的物质点运动更新孔隙率，进而更新渗透系数，而渗透系数出现在达西定律中会影响孔隙水的流动，进而如此反复。具体的编程步骤如下。

（1）物质点信息映射到背景网格中，求物质点与背景网格间的权函数；

（2）根据式（5.61）计算孔隙率在液相物质点位置的取值，类似地，计算渗透系数在液相物质点的取值；

（3）求解液相的运动方程，根据式（5.52）计算液相加速度；

（4）求解混合物运动方程，根据式（5.53）计算固相加速度；

（5）根据式（5.54）、式（5.55）更新各相物质点速度和位置，施加边界条件；

（6）根据式（5.67）更新土骨架的应变，根据式（5.68）更新有效应力；

（7）根据式（5.64）更新液相物质点处的孔隙水压力；

（8）根据式（5.56）更新固相物质点体积，根据式（5.59）更新孔隙率，根据式（5.63）更新渗透系数；

（9）计算下一时步。

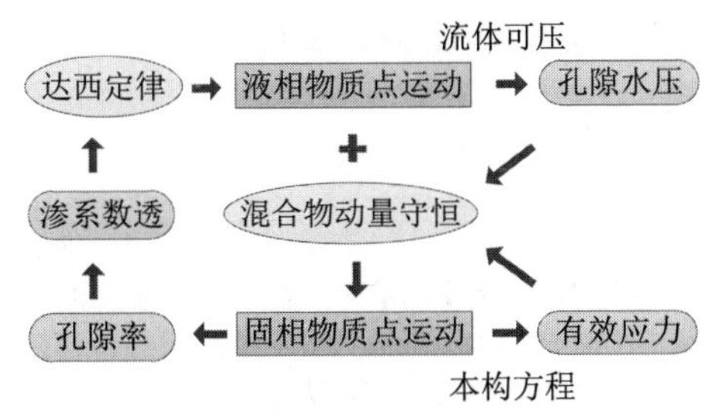

图 5.3　两相物质点法的耦合机理

5.2.7　一维固结理论验证

前文推导了由两套物质点表示的饱和多孔介质控制方程的离散格式，采用 C ++语言编制相应的程序。本节模拟了土力学中经典的一维固结问题，通过水头耗散过程的理论结果与数模结果的对比验证模拟程序。如图 5.4 所示，一维固结力学模型中仅上边界透水，对于固相位移，侧边为对称边界，底部位移全约束，上边界位移自由。外界载荷 σ_z 作用于上边界，初始时，全部外界载荷均由孔隙水承担，但由于上边界为透水边界，内部孔隙水不断耗散，孔隙水压力不断降低，而有效应力不断增加，直至全部外载荷均有土骨架承担。

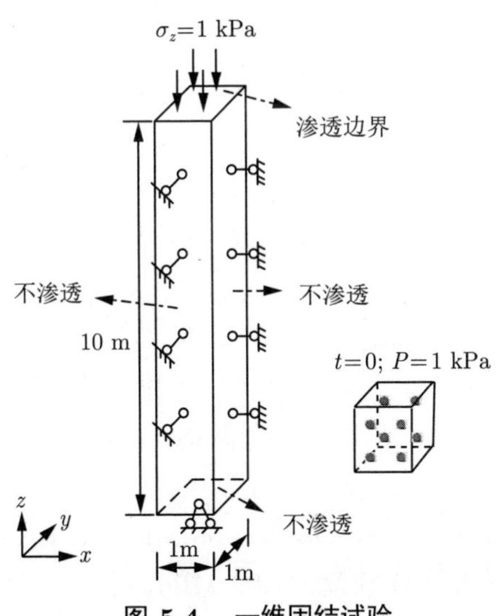

图 5.4　一维固结试验

此时，孔隙水压力的耗散方程为[192]

$$\frac{\partial p}{\partial t}=C_{\mathrm{v}}\frac{\partial^2 p}{\partial z^2} \tag{5.70}$$

其中，p 为水压；t 为时间；z 为高度；C_{v} 与渗透性能相关，定义为

$$C_{\mathrm{v}}=\frac{kE^{\mathrm{s}}}{\rho^{\mathrm{w}}g} \tag{5.71}$$

其中，k 为渗透系数；$E^{\mathrm{s}}=\Delta p'/\Delta\varepsilon_{\mathrm{v}}$ 为土骨架的压缩模量；$\Delta p'$ 为有效应力的静水压力部分；$\Delta\varepsilon_{\mathrm{v}}$ 为体应变；ρ^{w} 为水密度；g 是重力标量。

方程（5.70）的初始与边界条件为

$$\begin{cases} p(z,t)\big|_{t=0}=p_0, & z\in[0,H] \\ p(z,t)\big|_{z=H}=0 \\ \left.\dfrac{\partial p(z,t)}{\partial z}\right|_{z=0}=0 \end{cases} \tag{5.72}$$

其中，p_0 为初始水压；H 为土层总高度。如此，方程（5.70）存在傅里叶级数形式的理论解[193]：

$$p(z,t)=\frac{4p_0}{\pi}\sum_{m=1}^{\infty}\frac{1}{m}\sin\frac{m\pi z}{2H}\mathrm{e}^{-\frac{m^2\pi^2}{4}T_{\mathrm{v}}} \tag{5.73}$$

其中，m 为正奇数，如 1, 3, 5, 7，$\cdots$，T_{v} 是无量纲的时间，定义为

$$T_{\mathrm{v}}=\frac{C_{\mathrm{v}}}{H^2}t \tag{5.74}$$

图 5.4 中，$p_0=1$ kPa，$H=10$ m。需要指出，一维固结的理论基础为一维模型，由于所编程序为三维程序，设定侧边边界与底边边界如前所述，背景网格尺寸为 1 m，每个背景网格内初始设置固相与液相各 8 个物质点，初始水压设定为 1 kPa。模型中，土骨架的本构为线弹性本构，固相密度为 2600 kg/m^3，弹性模量为 50 MPa，泊松比为 0.3，液相密度为 1000 kg/m^3，液相压缩模量为 500 MPa，土的孔隙率为 0.3，渗透系数为 0.001 m/s，不考虑重力。

图 5.5 为不同时刻水压分布云图，可以直观看出孔隙水压的耗散过程。图 5.6 中横轴为无量纲化的孔隙水压力，纵轴为无量纲化的土层高度，可以看出，初始时刻 $T_v = 0$，孔隙水压力均为 p_0，近透水边界的土层孔隙水压耗散较快，当 $T_v = 2$ 时，内部孔隙水压力基本耗尽，此时，外界载荷均有土骨架承担，对比理论与数模结果，可以看出数值模拟结果与理论结果完全匹配。

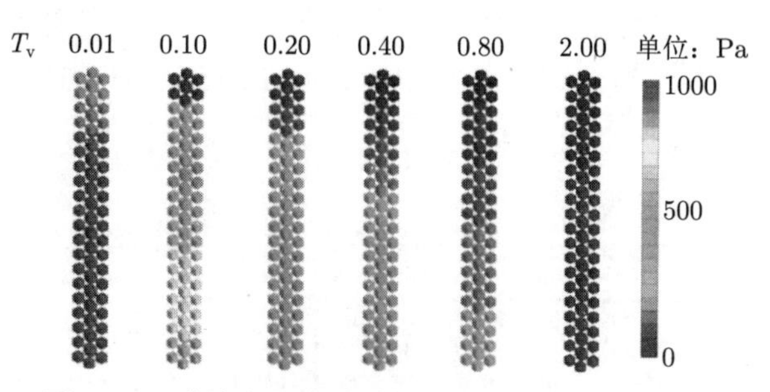

图 5.5　孔隙水压力随时间的演化（见文前彩图）

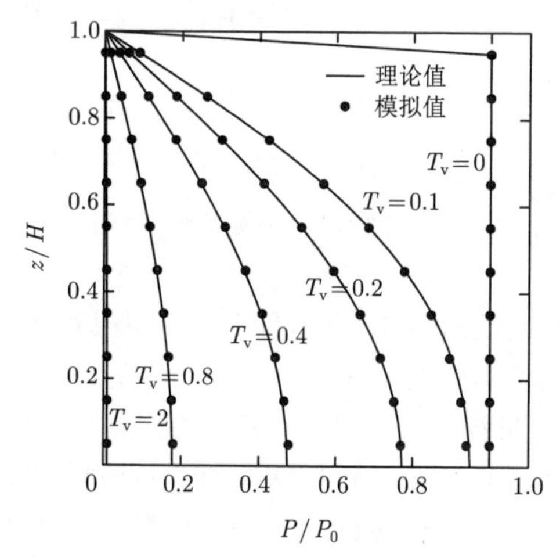

图 5.6　一维固结问题理论与数模结果对比

5.3　饱和沙堆滑动的物理实验

为进一步验证两相物质点法程序的有效性，同时研究由于孔隙水渗流造成的滑动过程，设计定水头下饱和土的滑动物理模型。如图 5.7 所示，右侧水头保持为 18 cm，待水头稳定后，撤去挡水板，水通过打孔的透水板渗透到 x-z 剖面为三角形的沙堆，水的动能通过粘连在透水板的滤布消除，以确保沙堆的滑动由孔隙水渗流造成，而非由渗透水冲刷造成，滤布同时可以避免沙子封堵透水孔，左侧不设挡板，避免水的回流。实验过程中，进口持续注入水流以保持水头恒定。水箱长度为 150 cm，宽度为 30 cm，沙堆堆积长度为 28 cm，高度为 14 cm。右侧定水头高度大于沙堆堆积高度以保证沙堆处于完全饱和状态，由于透过渗水板与滤布会引起水头损失，因而定水头并非设定为 14 cm，而为反复试验后选用的 18 cm。

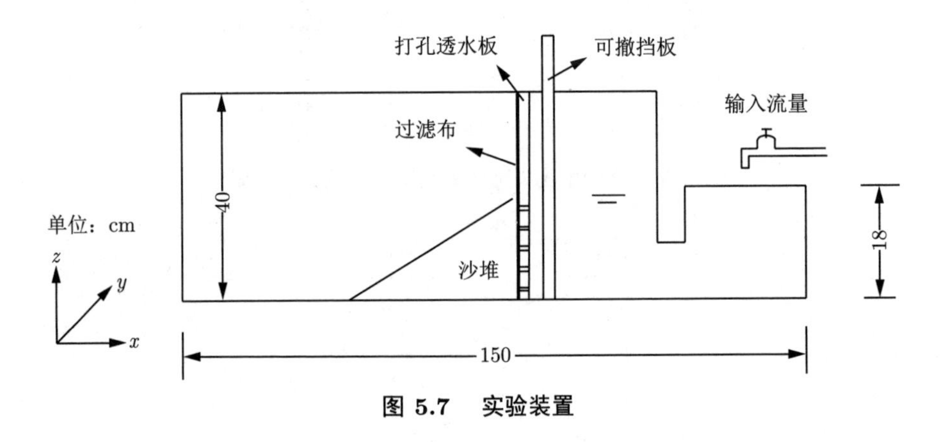

图 5.7　实验装置

采用 CAD 绘制物理模型三维视图后，定制由厚度为 1 cm 的透明有机玻璃板制作的水箱，物理模型实景如图 5.8 所示，试验在清华大学泥沙研究室试验大厅进行。由于试验主要目的是进行数值结果的验证，为简化起见，未设计流路回路，而采用左右两个回收桶回收水与沙粒。为便于观察沙堆运动，尺度 2 cm 的蓝色网格背景纸被粘在水箱后板作为尺寸标度，试验用沙为中值粒径为 2 mm 的河沙。此外，除可撤挡板卡槽外，其他卡槽的密封通过玻璃胶实现。数码相机置于桌面前方 2 m 处，与桌面等高，相机三脚架左右各放置白炽打光灯，避免背影被收录到录像中。特别需要指出，干燥沙粒在堆积前需用水浸湿，否则干沙在首次渗水过程中受液桥力等影响会产生滑动面与浸水后的沙堆滑动面位置不相同的现象。

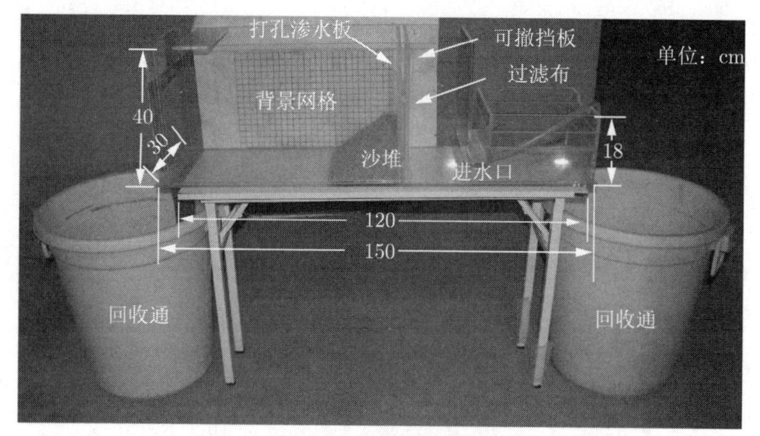

图 5.8　实验装置实景

5.4　饱和沙堆滑动的模拟结果

构建 5.3 节中与沙堆尺寸相同的数值模型，如图 5.9 所示，数值模型中背景网格尺度为 1 cm，初始时刻，每个背景网格内含有 8 个固相物质点与 8 个液相物质点，初始位置相同，沙堆表面（自由表面）网格内物质点数目相应减小，如此以来，任意相的物质点所代表的体积均为 0.125 m^3。

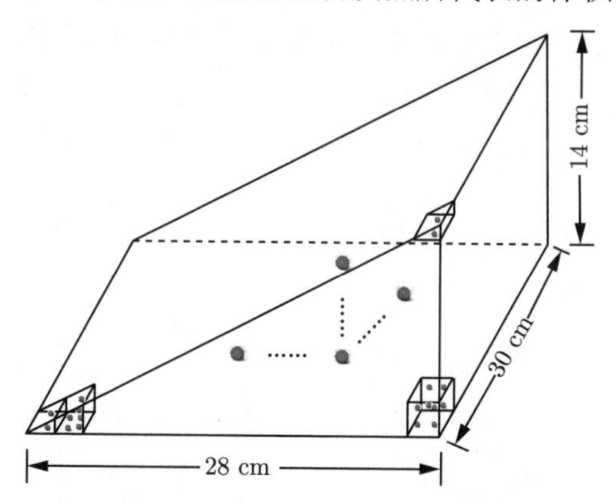

图 5.9　饱和沙堆滑动的数值模型

数模中的材料参数如表 5.1 所示，土骨架本构采用弹性模型，待计算收敛后作为数值模型的初始条件以避免数值振荡，实际滑动模拟中，土骨架采用 Drucker-Prager 模型。

表 5.1 饱和沙堆滑动数值模型中采用的材料参数

参数	数值
固相密度 ρ^{s}	2000 kg/m^3
孔隙率 n	0.3
式 (5.63) 中的材料参数 C	0.037 m/s
土骨架的弹性模量 E	10 MPa
土骨架泊松比 ν	0.3
内聚力 c	4.3 kPa
摩擦角 ϕ	20°
膨胀角 ψ	0°
抗拉强度 σ_{t}	20 kPa
水密度 ρ^{w}	1000 kg/m^3
水的体积模量 K^{w}	100 MPa

在计算过程中，沙堆表面出现了剧烈的数值振荡导致了计算发散。其原因如图 5.10 所示，位于自由表面处的背景网格节点分别记为 1、2、3、4。初始时，该背景网格包含一个固相物质点与一个液相物质点，但由于相对运动，当固相物质点进入另一个背景网格后，该网格内仅含有液相物质点，此时，标号为 1、2 的背景网格节点的固相速度由非零转为零，由于更新水压时，需要液相物质点处的固相的体积变化率 $v_{\mathrm{iwp},i}$，因而此时留在背景网格内的液相物质点水头出现剧烈振荡，甚至造成计算崩溃。这里假定当背景网格只含有一个液相物质点时 $v_{\mathrm{iwp},i}=0$，该假设隐含了固相在该液相物质点处无体积变化，可有效地避免数值振荡。

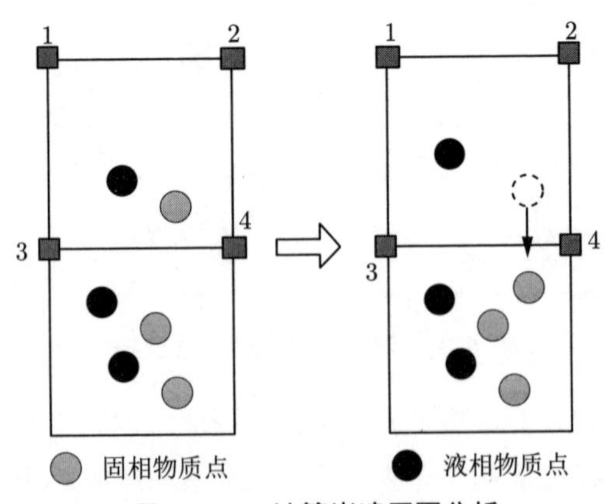

图 5.10 计算崩溃原因分析

后处理过程中，考虑到物质点的形状与大小是没有物理意义的，因而利用物质点与背景网格节点的权函数，采用欧拉描述的思想构建场变量作为变量输出。饱和沙堆的滑动结果与实验结果的对比如图 5.11 所示，左列为试验过程中不同时刻的沙堆形状，右列为对应时刻数值模拟的塑性体应变。

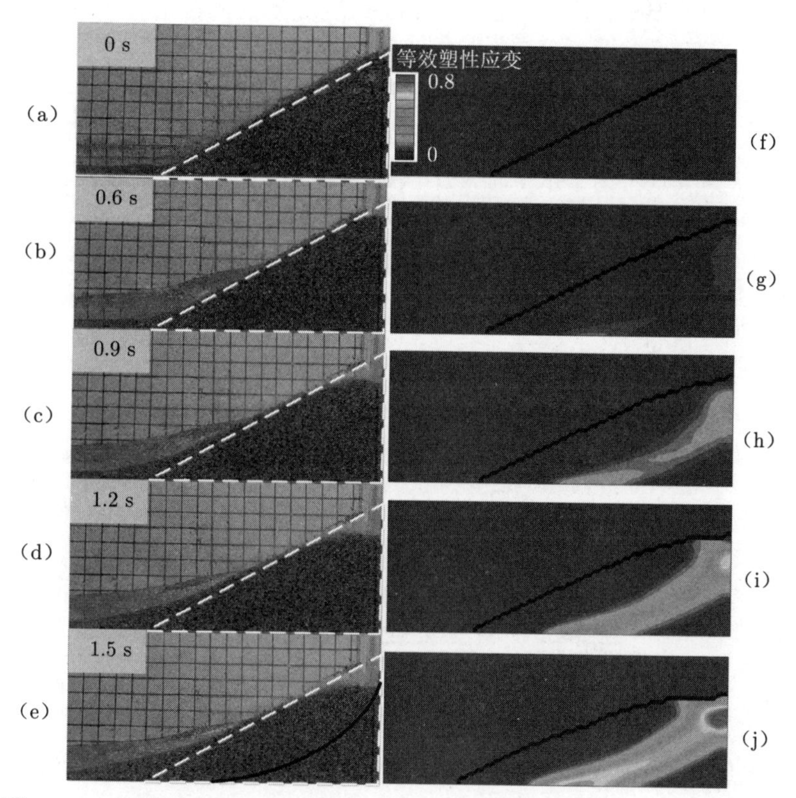

图 5.11　试验滑动面与数值模拟中的等效塑性体应变的对比（见文前彩图）

试验过程中，撤掉挡水板 0.6 s 后，沙堆出现明显的滑动面，1.5 s 后滑动结束，试验中可观察到明显的滑动面，滑裂面位置如图 5.11（j）中黑色实线所示。可以看出，由于边界水头较高，在试验过程中没有非饱和区的存在。模拟结果为纵向剖面的塑性应变的演化，黑色线为自由表面，即含有物质点的最外侧背景网格的连线，由于背景网格为规则形状，因而该自由表面只能表示为锯齿状。从数模结果可以看出，塑性应变首先出现在低于最顶端位置与坡脚右侧位置，随后逐渐演化为连续剪切带，通过对比可以看出，剪切带位置与试验观测到的滑动面位置相吻合。模拟中的混合物坡脚位移小于试验观测，主要原因是试验中坡脚处水含量极高，难以用混合物理论进行有效刻画，而数值模拟无法模拟自由水的运动，因而会造成滑动距离的差异。整体看来，从某种程度上数模结果至少定性得到物理实验的验证。

沙堆运动可由速度分布反映，图 5.12 反映了 1.2 s 时的固相速度分布，如图所示，沙堆被分为 4 个区，坡脚区域被标记为 A 区，沙堆中部被标记为 B 区，坡顶为 C 区，其余部分为 D 区。从图 5.12 可以看出，A 区速度最大，且均平衡于水平轴，B 区速度平行于坡面，C 区速度垂直，D 区保证静止。图 5.12 插图表示不同位置处沙堆水平向速度沿垂向分布，A 区分布近乎均匀，右侧边界几乎没有沿水平向速度，中间截面水平速度分布近乎指数型。从图 5.12 可以看出，速度分布与剪切带位置相协调。

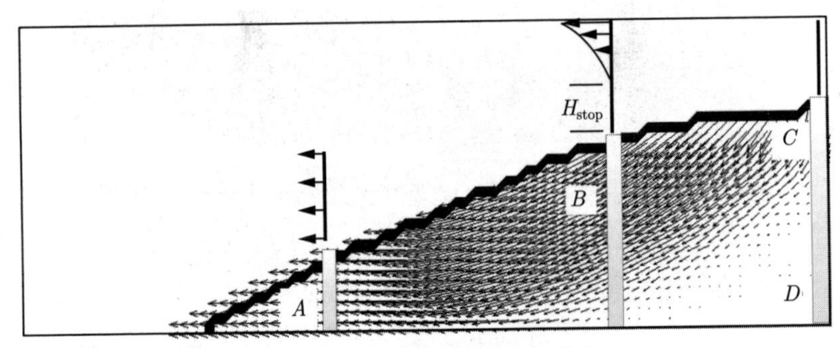

图 5.12　1.2 s 固相速度分布

图 5.13 对比了孔隙水压力与法向有效应力空间分布的时间演化过程，左列为孔隙水压力，右列为有效应力。需要指出，有效应力为负值的原因是在固相应力中假定拉为正。由于弹性本构的稳定解作为滑动模拟的初始条件，因而初始时刻有效应力与孔隙水压力的空间分布十分规则。孔隙水压力的最大值随着滑动演化而逐渐降低，这与沙堆高度逐渐降低有关，相对于孔隙水压力的分布，有效应力的分布在初始时刻相对混乱，这是由于将弹性本构换为弹塑性本构需要进行应力调整，但之后有效应力分布逐渐均匀，而取值不断增加。由于液相物质点数目保持恒定，而不是试验中不断补充孔隙水，因而随着孔隙水的渗出，固相承担更多重力最终导致

有效应力的增加。

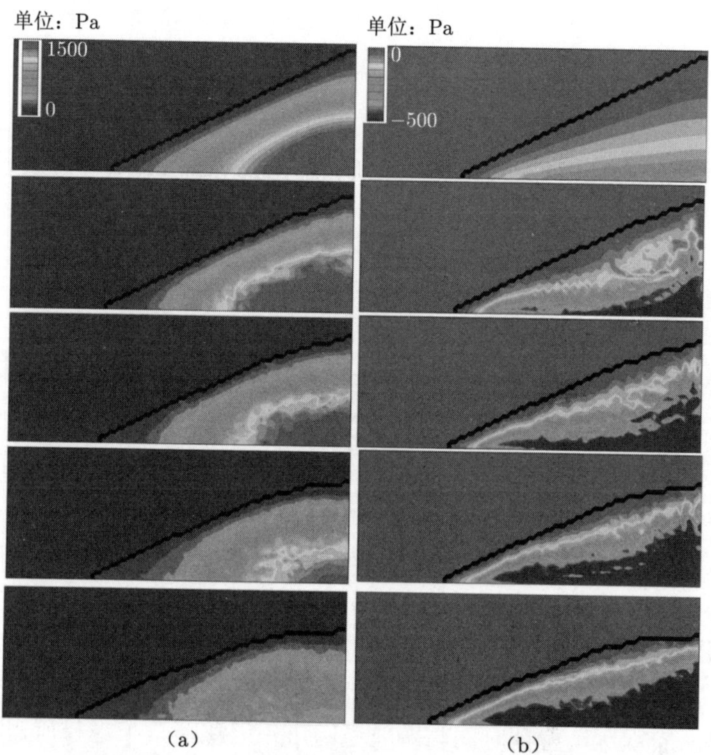

图 5.13　孔隙水压力（a）与法向有效应力（b）的空间分布随时间的时间演化（见文前彩图）

5.5　本章小结

本章基于混合物理论，采用两套物质点构建了适用于饱和多孔介质的物质点法程序，其中，液相控制方程为含有惯性力的达西定律，固相控制方程为混合物动量守恒，采用广义插值物质点法，对控制方程进行空间离散，采用一维固结问题作为理论与程序的定量验证，构建了饱和沙堆在定水头条件下发生滑动的物理模型，并对该过程进行了模拟，模拟得到的剪切带位置与试验中滑裂面位置基本一致，而后对滑动过程中有效应力与孔隙水压力的时间演化过程进行了分析，进而研究了滑动瞬时的沙堆运动形态。本章研究为模拟库水作用下的边坡稳定提供了可能。

第 6 章 结论与展望

作为固体离散颗粒的集合，颗粒材料是典型的多体系统，其间复杂的接触与碰撞关系引起了宏观类似固体、类似液体的力学行为，且具有各向异性、变形与加载路径相关、固–液态自然转化等诸多特点。针对如此复杂但又充满魅力的材料，本书分别从物理角度与工程角度开展研究，以兼具科学性与实用性。

从物理角度，依托离散单元法，构建了固定压力条件下双分散颗粒的平板剪切数值模型，分析颗粒介质不同流态的动力学特征、固液转变的结构根源，不断深化对颗粒材料宏观表现下物理本质的理解，主要有以下认识。

（1）宏观运动特征时间与颗粒受围压作用移动一个粒径所需时间比值定义的无量纲数——惯性数，可以有效区分流态，定义为剪切板切应力与法向应力比值的有效摩擦系数，在准静态区、快速流区与惯性数无关，仅在慢速流区与惯性数相关。

（2）低剪切速率条件下，颗粒集合发生整体变形，力链网络强，重构时间长，沿剪切方向的线速度垂向分布近似线性，无稳定角速度分布，弹性势能大，动能小，体积分数、配位数、势能与动能密度比均随剪切速率的增加而变小；高剪切速率条件下，近剪切板附近出现宏观剪切带，力链网络弱，重构时间短，线速度分布近似指数型，存在稳定角速度分布，近剪切板附近存在高速度梯度、高角速度，宏观剪切带出现后，进一步增加剪切速率，体积分数、配位数、有效摩擦系数、能量比不再发生变化。

（3）剪切带从孕育、发展到稳定，必然与细观结构相协调。基于自由基剖分，将颗粒体系剖分为若干独立多面体，研究存在剪切带的特定流态下，与多面体相关的结构量的时空演化。在剪切带逐渐发育的剪切启动阶段，多面体面数、边数等拓扑量的概率密度分布呈现单峰，颗粒体积分数、面积分数等尺寸量的概率分布呈现双峰，两种概率分布随时间均无明显变化；平均面数的垂向分布整体左移，造成宏观平均面数的降低，而体积分数整体右移，造成固相体积分数的增加；整体五边形比例在剪切启动过程中是唯一剧烈增加的结构量，且其空间分布剧烈变化，逐渐发育成近剪切板远低于其他区域的分布形式；在任意围压下，五边形比例较低的区域与低体积分数、高速度梯度、高角速度、高能量涨落、高颗粒温度相对应，因而，五边对称能够有效地预言应变局部化区域，是颗粒类固–类液态转化的特征结构量。

从工程角度，为模拟米量级甚至千米量级的工程实例，需将颗粒介质进行连续化处理，采用适用于大变形的无网格方法——物质点法搭建模拟平台，主要有如下工作。

（1）采用带有拉伸判据的 Drucker-Prager 屈服准则，能够有效模拟黏质边坡的滑动以及无黏颗粒的流动。

（2）物质点接触算法无法处理静止接触问题，对于多体接触，接触法向的确定也十分困难，因而在颗粒对木块的冲击过程中，单纯的物质点法无法有效模拟木块发生的翻转现象。采用物质点法与块体离散元法耦合，块体接触的检测与处理采用顶点缩进法，木块与颗粒间接触力的计算通过将每个块体概化为 9 个物质点，插值求得虚化物质点动量信息，按照物质点接触算法计算得到。以此为基本思路，可有效模拟颗粒对木块的冲击过程，进而为预估灾害冲击效果提供可能。

（3）为避免宏观唯象本构引入的模型适用性、参数难以确定等困难，受有限元与离散元多尺度建模思路的启发，发展了基于物质点法与离散元法的多尺度建模框架，宏观计算采用物质点法，每个物质点对应一个颗粒集合构成的代表性体积元，宏观计算得到的物质点处的应变通过边界条件施加到代表性体积元中，通过离散元计算反馈柯西应力，以此进行颗粒介质的跨尺度分析，能够有效模拟沙堆倒塌过程，并能将颗粒宏观表现与细观力链网络等进行关联。

（4）基于混合物理论，采用带有惯性力的达西定律与混合物动量守恒作为控制方程，按照广义插值物质点法的基本思路，推导了饱和多孔介质控制方程的空间离散格式，以此开发的两相物质点法程序能够定量地模拟一维固结问题中水压的演化过程，定性地复现饱和沙堆在定水头作用下的滑动面位置，进而可研究剪切带发育过程中，孔隙水压、有效应力和空间速度分布的演化过程。

颗粒材料非常复杂，正如佛家所言“一沙一世界”，只有不断精进研究才能加深对其物理本质的理解，此外，发展更有效的算法才能更好地为工程服务，在物理与工程角度可分别按照下述方向深化工作。

（1）基于自由基剖分，从当前构型，对无序体系的运动进行预言。

（2）深化五边对称结构指标的应用，如研究传统三轴试验中，五边对称与剪切带的关联性。

（3）发展饱和多孔介质的多尺度建模，代表性体积元采用真实两相模拟，而非仅引入水压力变量。

（4）发展非饱和多孔介质的物质点法，合理解决土–水特征曲线、基质吸力与有效应力间的匹配等问题。

（5）纵使现有模型可模拟实际地形下的滑坡过程，相关工作已由相关研究人员基于本书开发程序展开，但现阶段仍需先验性地指定物源信息，需进一步发展多尺度建模算法，模拟坡体稳定、破坏、流动、冲击直至堆积的整个渐进破坏过程。

参 考 文 献

[1] RYCROFT C H, GREST G S, LANDRY J W, et al. Analysis of granular flow in a pebble-bed nuclear reactor[J]. Physical review E, 2006, 74(2): 021306.

[2] 刘传奇, 孙其诚, 王光谦. 颗粒介质结构与力学特征研究综述 [J]. 力学与实践, 2014, 36(6): 716-721.

[3] RADJAI F, ROUX S. Turbulentlike fluctuations in quasistatic flow of granular media[J]. Physical Review Letters, 2002, 89(6): 064302.

[4] Science. 125-th anniversary So Much More to Know[J]. Science, 2005, 309(5731): 78-102.

[5] FORTERRE Y, POULIQUEN O. Flows of dense granular media[J]. Annual Review of Fluid Mechanics, 2008, 40: 1-24.

[6] BAGNOLD R A. The flow of cohesionless grains in fluids[J]. Philosophical Transactions of the Royal Society of London A: Mathematical, Physical and Engineering Sciences, 1956, 249(964): 235-297.

[7] HUNT M L, ZENIT R, CAMPBELL C S, et al. Revisiting the 1954 suspension experiments of RA Bagnold[J]. Journal of Fluid Mechanics, 2002, 452: 1-24.

[8] ZHANG Y, CAMPBELL C S. The interface between fluid-like and solid-like behaviour in two-dimensional granular flows[J]. Journal of Fluid Mechanics, 1992, 237: 541-568.

[9] WARR S, HUNTLEY J M, JACQUES G T H. Fluidization of a two-dimensional granular system: Experimental study and scaling behavior[J]. Physical Review E, 1995, 52(5): 5583.

[10] ZIK O, LEVINE D, LIPSON S G, et al. Rotationally induced segregation of granular materials[J]. Physical review letters, 1994, 73(5): 644.

[11] GOLDHIRSCH I. Rapid granular flows[J]. Annual review of fluid mechanics, 2003, 35(1): 267-293.

[12] IORDANOFF I, KHONSARI M M. Granular lubrication: toward an under-

standing of the transition between kinetic and quasi-fluid regime[J]. Journal of Tribology, 2004, 126(1): 137-145.
[13] SUN Q, JIN F, ZHOU G G D. Energy characteristics of simple shear granular flows[J]. Granular Matter, 2013, 15(1): 119-128.
[14] HOULSBY G T. A study of plasticity theories and their applicability to soils[D]. Cambridge: University of Cambridge, 1981.
[15] PUZRIN A M, HOULSBY G T. A thermomechanical framework for rate-independent dissipative materials with internal functions[J]. International Journal of Plasticity, 2001, 17(8): 1147-1165.
[16] JIANG Y, LIU M. Granular elasticity without the Coulomb condition[J]. Physical Review Letters, 2003, 91(14): 144301.
[17] JIANG Y, LIU M. Energetic instability unjams sand and suspension[J]. Physical Review Letters, 2004, 93(14): 148001.
[18] JIANG Y, LIU M. Granular solid hydrodynamics[J]. Granular Matter, 2009, 11(3): 139-156.
[19] JIANG Y, ZHENG H, PENG Z, et al. Expression for the granular elastic energy[J]. Physical Review E, 2012, 85(5): 051304.
[20] JIANG Y, LIU M. Mechanics of Natural Solids[M]. Heidelberg: Springer Berlin Heidelberg, 2009: 27-46.
[21] EDWARDS S F, OAKESHOTT R B S. Granular Matter: An Interdisciplinary Approach[M]. New York: Springer New York, 1994.
[22] EDWARDS S F, OAKESHOTT R B S. The theory of powders[J]. Physica A, 1989, 157: 1080-1090.
[23] MAKSE H A, KURCHAN J. Testing the thermodynamic approach to granular matter with a numerical model of a decisive experiment[J]. Nature, 2002, 415(6872): 614-617.
[24] KONDIC L, BEHRINGER R P. Elastic energy, fluctuations and temperature for granular materials[J]. EPL (Europhysics Letters), 2004, 67(2): 205.
[25] 孙其诚. 颗粒介质的结构及热力学 [J]. 物理学报, 2015, 64(7): 76101-076101.
[26] 孙其诚, 刘传奇, 周公旦. 颗粒介质弹性的弛豫 [J]. 物理学报, 2015, 64(23): 236101-236101.
[27] SUN Q C, JIN F, WANG G Q, et al. On granular elasticity[J]. Scientific Reports, 2015, 5: 9652.
[28] MIDI G D R. On dense granular flows[J]. The European Physical Journal E, 2004, 14(4): 341-365.
[29] DA CRUZ F, EMAM S, PROCHNOW M, et al. Rheophysics of dense granular materials: Discrete simulation of plane shear flows[J]. Physical Review

E, 2005, 72(2): 021309.

[30] HATANO T. Power-law friction in closely packed granular materials[J]. Physical Review E, 2007, 75(6): 060301.

[31] JOP P, FORTERRE Y, POULIQUEN O. A constitutive law for dense granular flows[J]. Nature, 2006, 441(7094): 727-730.

[32] CAMPBELL C S, CLEARY P W, HOPKINS M. Large-scale landslide simulations: Global deformation, velocities and basal friction[J]. Journal of Geophysical Research: Solid Earth, 1995, 100(B5): 8267-8283.

[33] 刘传奇, 周公旦, 孙其诚. 简单剪切颗粒流的本构关系 [C]. 2014 颗粒材料计算力学会议, 北京, 2014.

[34] ZHANG H P, MAKSE H A. Jamming transition in emulsions and granular materials[J]. Physical Review E, 2005, 72(1): 011301.

[35] SONG C, WANG P, MAKSE H A. A phase diagram for jammed matter[J]. Nature, 2008, 453(7195): 629-632.

[36] RADJAI F, WOLF D E, JEAN M, et al. Bimodal character of stress transmission in granular packings[J]. Physical Review Letters, 1998, 80(1): 61.

[37] AZÉMA E, RADJAI F, SAUSSINE G. Quasistatic rheology, force transmission and fabric properties of a packing of irregular polyhedral particles[J]. Mechanics of Materials, 2009, 41(6): 729-741.

[38] SUN J, SUNDARESAN S. A constitutive model with microstructure evolution for flow of rate-independent granular materials[J]. Journal of Fluid Mechanics, 2011, 682: 590-616.

[39] CHIALVO S, SUN J, SUNDARESAN S. Bridging the rheology of granular flows in three regimes[J]. Physical Review E, 2012, 85(2): 021305.

[40] BOYER F, GUAZZELLI E, POULIQUEN O. Unifying suspension and granular rheology[J]. Physical Review Letters, 2011, 107(18): 188301.

[41] JOHNSON P C, JACKSON R. Frictional-collisional constitutive relations for granular materials, with application to plane shearing[J]. Journal of Fluid Mechanics, 1987, 176: 67-93.

[42] SAVAGE S B. Streaming motions in a bed of vibrationally fluidized dry granular material[J]. Journal of Fluid Mechanics, 1988, 194: 457-478.

[43] VOLFSON D, TSIMRING L S, ARANSON I S. Partially fluidized shear granular flows: Continuum theory and molecular dynamics simulations[J]. Physical Review E, 2003, 68(2): 021301.

[44] VOLFSON D, TSIMRING L S, ARANSON I S. Order parameter description of stationary partially fluidized shear granular flows[J]. Physical Review Letters, 2003, 90(25): 254301.

[45] VIDYAPATI V, LANGROUDI M K, SUN J, et al. Experimental and computational studies of dense granular flow: Transition from quasi-static to intermediate regime in a Couette shear device[J]. Powder Technology, 2012, 220: 7-14.
[46] VIDYAPATI V, SUBRAMANIAM S. Granular rheology and phase transition: DEM simulations and order-parameter based constitutive model[J]. Chemical Engineering Science, 2012, 72: 20-34.
[47] BABIC M, SHEN H H, SHEN H T. The stress tensor in granular shear flows of uniform, deformable disks at high solids concentrations[J]. Journal of Fluid Mechanics, 1990, 219: 81-118.
[48] LUDING S, LATZEL M, VOLK W, et al. From discrete element simulations to a continuum model[J]. Computer Methods in Applied Mechanics and Engineering, 2001, 191(1): 21-28.
[49] LATZEL M, LUDING S, HERRMANN H J. Macroscopic material properties from quasi-static, microscopic simulations of a two-dimensional shear-cell[J]. Granular Matter, 2000, 2(3): 123-135.
[50] THORNTON C. Numerical simulations of deviatoric shear deformation of granular media[J]. Géotechnique, 2000, 50(1): 43-53.
[51] LOIS G, LEMAITRE A, CARLSON J M. Numerical tests of constitutive laws for dense granular flows[J]. Physical Review E, 2005, 72(5): 051303.
[52] POULIQUEN O, CASSAR C, JOP P, et al. Flow of dense granular material: towards simple constitutive laws[J]. Journal of Statistical Mechanics: Theory and Experiment, 2006, 2006(7): P07020.
[53] HILL K M, GIOIA G, TOTA V V. Structure and kinematics in dense free-surface granular flow[J]. Physical Review Letters, 2003, 91(6): 064302.
[54] ORPE A V, KHAKHAR D V. Solid-fluid transition in a granular shear flow[J]. Physical Review Letters, 2004, 93(6): 068001.
[55] CAMPBELL C S. Granular shear flows at the elastic limit[J]. Journal of Fluid Mechanics, 2002, 465: 261-291.
[56] LIU C, SUN Q, ZHOU G G D. Velocity profiles and energy fluctuations in simple shear granular flows[J]. Particuology, 2016, 27: 80-87.
[57] AHARONOV E, SPARKS D. Shear profiles and localization in simulations of granular materials[J]. Physical Review E, 2002, 65(5): 051302.
[58] XU N. Mechanical Vibrational, and dynamical properties of amorphous systems near jamming[J]. Frontiers of Physics in China, 2011, 6: 109-123.
[59] CHENG Y Q, MA E. Atomic-level structure and structure-property relationship in metallic glasses[J]. Progress in Materials Science, 2011, 56(4):

379-473.

[60] 刘建国. 颗粒物质局部化行为的细观研究 [D]. 北京: 清华大学, 2013.

[61] ROGNON P, MILLER T, EINAV I. A circulation-based method for detecting vortices in granular materials[J]. Granular Matter, 2015, 17(2): 177-188.

[62] PENG H L, LI M Z, WANG W H. Structural signature of plastic deformation in metallic glasses[J]. Physical Review Letters, 2011, 106(13): 135503.

[63] CHEN K, MANNING M L, YUNKER P J, et al. Measurement of correlations between low-frequency vibrational modes and particle rearrangements in quasi-two-dimensional colloidal glasses[J]. Physical Review Letters, 2011, 107(10): 108301.

[64] DONEV A, TORQUATO S, STILLINGER F H, et al. Jamming in hard sphere and disk packings[J]. Journal of applied physics, 2004, 95(3): 989-999.

[65] BI D, ZHANG J, CHAKRABORTY B, et al. Jamming by shear[J]. Nature, 2011, 480(7377): 355-358.

[66] ZHANG Z, XU N, CHEN D T N, et al. Thermal vestige of the zero-temperature jamming transition[J]. Nature, 2009, 459(7244): 230-233.

[67] ZOU L N, CHENG X, RIVERS M L, et al. The packing of granular polymer chains[J]. Science, 2009, 326(5951): 408-410.

[68] EGAMI T, BILLINGE S J L. Underneath the Bragg Peaks: Structural Analysis of Complex Materials[M]. Amsterdam: Elsevier, 2003.

[69] GERVOIS A, OGER L, RICHARD P, et al. Voronoi and Radical Tessellations of Packings of Spheres[M]. Heidelberg: Springer Berlin Heidelberg, 2002: 95-104.

[70] YANG R Y, ZOU R P, YU A B. Voronoi tessellation of the packing of fine uniform spheres[J]. Physical Review E, 2002, 65(4): 041302.

[71] RICHARD P, OGER L, TROADEC J P, et al. Tessellation of binary assemblies of spheres[J]. Physica A: Statistical Mechanics and its Applications, 1998, 259(1): 205-221.

[72] TORDESILLAS A, MUTHUSWAMY M, WALSH S D. Mesoscale measures of nonaffine deformation in dense granular assemblies[J]. Journal of Engineering Mechanics, 2008, 134(12): 1095-1113.

[73] MCNAMARA S, GARCÍA-ROJO R, HERRMANN H J. Microscopic origin of granular ratcheting[J]. Physical Review E, 2008, 77(3): 031304.

[74] CHOI J, KUDROLLI A, ROSALES R R, et al. Diffusion and mixing in gravity-driven dense granular flows[J]. Physical Review Letters, 2004, 92(17): 174301.

[75] MAJMUDAR T S, SPERL M, LUDING S, et al. Jamming transition in granular systems[J]. Physical Review Letters, 2007, 98(5): 058001.

[76] RADJAI F, JEAN M, MOREAU J J, et al. Force distributions in dense two-dimensional granular systems[J]. Physical Review Letters, 1996, 77(2): 274.

[77] PETERS J F, MUTHUSWAMY M, WIBOWO J, et al. Characterization of force chains in granular material[J]. Physical Review E, 2005, 72(4): 041307.

[78] IWASHITA K, ODA M. Micro-deformation mechanism of shear banding process based on modified distinct element method[J]. Powder Technology, 2000, 109(1): 192-205.

[79] MIKSIC A, ALAVA M J. Evolution of grain contacts in a granular sample under creep and stress relaxation[J]. Physical Review E, 2013, 88(3): 032207.

[80] TORDESILLAS A, MUTHUSWAMY M. On the modeling of confined buckling of force chains[J]. Journal of the Mechanics and Physics of Solids, 2009, 57(4): 706-727.

[81] HUNT G W, TORDESILLAS A, GREEN S C, et al. Force-chain buckling in granular media: a structural mechanics perspective[J]. Philosophical Transactions of the Royal Society of London A: Mathematical, Physical and Engineering Sciences, 2010, 368(1910): 249-262.

[82] MAJMUDAR T S, BEHRINGER R P. Contact force measurements and stress-induced anisotropy in granular materials[J]. Nature, 2005, 435(7045): 1079-1082.

[83] SNOEIJER J H, VLUGT T J H, VAN HECKE M, et al. Force network ensemble: a new approach to static granular matter[J]. Physical Review Letters, 2004, 92(5): 054302.

[84] ZHANG J, MAJMUDAR T S, TORDESILLAS A, et al. Statistical properties of a 2D granular material subjected to cyclic shear[J]. Granular Matter, 2010, 12(2): 159-172.

[85] SANFRATELLO L, FUKUSHIMA E, BEHRINGER R P. Using MR elastography to image the 3D force chain structure of a quasi-static granular assembly[J]. Granular Matter, 2009, 11(1): 1-6.

[86] NEDDERMAN R M. Statics and Kinematics of Granular Materials[M]. Cambridge: Cambridge University Press, 2005.

[87] POULIQUEN O, GUTFRAIND R. Stress fluctuations and shear zones in quasistatic granular chute flows[J]. Physical Review E, 1996, 53(1): 552.

[88] LATZEL M, LUDING S, HERRMANN H J, et al. Comparing simulation and experiment of a 2d granular couette shear device[J]. The European Physical

Journal E, 2003, 11(4): 325-333.

[89] LOSERT W, BOCQUET L, LUBENSKY T C, et al. Particle dynamics in sheared granular matter[J]. Physical Review Letters, 2000, 85(7): 1428.

[90] FENISTEIN D, VAN DE MEENT J W, VAN HECKE M. Universal and wide shear zones in granular bulk flow[J]. Physical Review Letters, 2004, 92(9): 094301.

[91] RIES A, WOLF D E, UNGER T. Shear zones in granular media: three-dimensional contact dynamics simulation[J]. Physical Review E, 2007, 76(5): 051301.

[92] RICHEFEU V, COMBE G, VIGGIANI G. An experimental assessment of displacement fluctuations in a 2D granular material subjected to shear[J]. Géotechnique Letters, 2012, 2(3): 113-118.

[93] UTTER B, BEHRINGER R P. Experimental measures of affine and non-affine deformation in granular shear[J]. Physical Review Letters, 2008, 100(20): 208302.

[94] LEVINE A J, HEAD D A, MACkINTOSH F C. The deformation field in semiflexible networks[J]. Journal of Physics: Condensed Matter, 2004, 16(22): 2079.

[95] ERINGEN A C. Microcontinuum Field Theories[M]. New York: Springer New York, 1999: 101-248.

[96] BAGI K. Analysis of microstructural strain tensors for granular assemblies[J]. International Journal of Solids and Structures, 2006, 43(10): 3166-3184.

[97] 仇伟德. 机械振动 [M]. 东营: 中国石油大学出版社, 2001.

[98] MANNING M L, LIU A J. Vibrational modes identify soft spots in a sheared disordered packing[J]. Physical Review Letters, 2011, 107(10): 108302.

[99] KAYA D, GREEN N L, MALONEY C E, et al. Normal modes and density of states of disordered colloidal solids[J]. Science, 2010, 329(5992): 656-658.

[100] 刘凯欣, 高凌天. 离散元法研究的评述 [J]. 力学进展, 2003, 33(4): 483-490.

[101] 孙其诚, 王光谦. 颗粒流动力学及其离散模型评述 [J]. 力学进展, 2008, 38(1): 87-100.

[102] 徐泳, 孙其诚, 张凌, 等. 颗粒离散元法研究进展 [J]. 力学进展, 2003, 33(2): 251-260.

[103] 孙其诚, 王光谦. 颗粒物质力学导论 [M]. 北京: 科学出版社, 2009.

[104] 文玉华, 朱如曾, 周富信, 等. 分子动力学模拟的主要技术 [J]. 力学进展, 2003, 33(1): 65-73.

[105] LUDING S. Molecular dynamics simulations of granular materials[J]. The

Physics of Granular Media, 2004: 297-324.

[106] GUI N, FAN J R, CHEN S. Numerical study of particle-particle collision in swirling jets: A DEM-DNS coupling simulation[J]. Chemical Engineering Science, 2010, 65(10): 3268-3278.

[107] ZHAO J, SHAN T. Coupled CFD-DEM simulation of fluid-particle interaction in geomechanics[J]. Powder Technology, 2013, 239: 248-258.

[108] CHAKRAVARTHY V K, MENON S. Large-eddy simulation of turbulent premixed flames in the flamelet regime[J]. Combustion Science and Technology, 2001, 162(1): 175-222.

[109] ZHOU H, FLAMANT G, GAUTHIER D. DEM-LES of coal combustion in a bubbling fluidized bed. Part I: gas-particle turbulent flow structure[J]. Chemical Engineering Science, 2004, 59(20): 4193-4203.

[110] 张博, 王利民, 王小伟, 等. 基于格子玻耳兹曼方法的单孔射流鼓泡床的离散颗粒模拟 [J]. 科学通报, 2013, 58(2): 158-169.

[111] NOBLE D R, TORCZYNSKI J R. A lattice-Boltzmann method for partially saturated computational cells[J]. International Journal of Modern Physics C, 1998, 9(8): 1189-1201.

[112] WANG L, ZHOU G, WANG X, et al. Direct numerical simulation of particle-fluid systems by combining time-driven hard-sphere model and lattice Boltzmann method.[J] Particuology, 2010, 8(4): 379-382.

[113] WANG L, ZHANG B, WANG X, et al. Lattice Boltzmann based discrete simulation for gas-solid fluidization[J]. Chemical Engineering Science, 2013, 101: 228-239.

[114] MA S, ZHANG X, QIU X. Comparison study of mpm and sph in modeling hypervelocity impact problems[J]. International Journal of Impact Engineering, 2009, 36: 272-282.

[115] GINGOLD R A, MONAGHAN J J. Smoothed particle hydrodynamics: theory and application to non-spherical stars[J]. Monthly Notices of the Royal Astronomical Society, 1977, 181(3): 375-389.

[116] 王吉. 光滑粒子法与有限元的耦合算法及其在冲击动力学中的应用 [D]. 合肥: 中国科学技术大学, 2006.

[117] FRACCAROLLO L, PAPA M. Numerical simulation of real debris-flow events[J]. Physics and Chemistry of the Earth, Part B: Hydrology, Oceans and Atmosphere, 2000, 25(9): 757-763.

[118] WHIPPLE K X. Open-channel flow of Bingham fluids: applications in debris-flow research[J]. The Journal of Geology, 1997, 105(2): 243-262.

[119] 刘大有. 二相流体动力学 [M]. 北京: 高等教育出版社, 1993.

[120] ZHANG H W, WANG K P, CHEN Z. Material point method for dynamic analysis of saturated porous media under external contact/impact of solid bodies[J]. Computer Methods in Applied Mechanics and Engineering, 2009, 198(17): 1456-1472.

[121] BANDARA S, SOGA K. Coupling of soil deformation and pore fluid flow using material point method[J]. Computers and Geotechnics, 2015, 63: 199-214.

[122] ABE K, SOGA K, BANDARA S. Material point method for coupled hydromechanical problems[J]. Journal of Geotechnical and Geoenvironmental Engineering, 2013, 140(3): 04013033.

[123] KOUZNETSOVA V, GEERS M G D, BREKELMANS W A M. Multi-scale constitutive modelling of heterogeneous materials with a gradient-enhanced computational homogenization scheme[J]. International Journal for Numerical Methods in Engineering, 2002, 54(8): 1235-1260.

[124] YUAN X, TOMITA Y. Effective properties of Cosserat composites with periodic microstructure[J]. Mechanics Research Communications, 2001, 28(3): 265-270.

[125] GUO N, ZHAO J. A coupled fem/dem approach for hierarchical multiscale modelling of granular media[J]. International Journal for Numerical Methods in Engineering, 2014, 99: 789-818.

[126] 万柯, 李锡夔. Biot-Cosserat 连续体—离散颗粒集合体模型的非饱和土连接尺度方法 [J]. 应用力学学报, 2013, 3: 297-303.

[127] JAEGER H M, NAGEL S R, BEHRINGER R P. Granular solids, liquids, and gases[J]. Reviews of Modern Physics, 1996, 68(4): 1259.

[128] RIES A, WOLF D E, UNGER T. Shear zones in granular media: three-dimensional contact dynamics simulation[J]. Physical Review E, 2007, 76(5): 051301.

[129] CAMPBELL C S. Granular material flows-an overview[J]. Powder Technology, 2006, 162(3): 208-229.

[130] PENG G, OHTA T. Steady state properties of a driven granular medium[J]. Physical Review E, 1998, 58(4): 4737.

[131] ANTYPOV D, ELLIOTT J A. On an analytical solution for the damped Hertzian spring[J]. EPL (Europhysics Letters), 2011, 94(5): 50004.

[132] HILL K M, TAN D S. Segregation in dense sheared flows: gravity, temperature gradients, and stress partitioning[J]. Journal of Fluid Mechanics, 2014, 756: 54-88.

[133] SMILAUER V, CATALANO E, CHAREYRE B, et al. Yade Documentation

(2nd ed.)[Z]. The Yade Project, 2015. DOI 10.5281/zenodo.34073.

[134] BONILLA-SIERRA V, SCHOLTES L, DONZE F V, et al. Rock slope stability analysis using photogrammetric data and DFN - DEM modelling[J]. Acta Geotechnica, 2015, 10(4): 497-511.

[135] BOON C W, HOULSBY G T, UTILI S. A new contact detection algorithm for three-dimensional non-spherical particles[J]. Powder Technology, 2013, 248: 94-102.

[136] BOURRIER F, LAMBERT S, BAROTH J. A reliability-based approach for the design of rockfall protection fences[J]. Rock Mechanics and Rock Engineering, 2015, 48(1): 247-259.

[137] CHEN J, HUANG B, SHU X, et al. DEM Simulation of Laboratory Compaction of Asphalt Mixtures Using an Open Source Code[J]. Journal of Materials in Civil Engineering, 2014, 27(3): 04014130.

[138] DUNATUNGA S, KAMRIN K. Continuum modelling and simulation of granular flows through their many phases[J]. Journal of Fluid Mechanics, 2015, 779: 483-513.

[139] FEI M, SUN Q, XU X, et al. Simulations of multi-states properties of granular materials based on non-linear granular elasticity and the MiDi rheological relation[J]. Powder Technology, 2016, 301: 1092-1102.

[140] DODD, B., BAI, Y. Width of adiabatic shear bands formed under combined stresses[J]. Materials science and technology, 1989, 5: 557-559.

[141] YAN Y, JI S. Energy conservation in a granular shear flow and its quasi-solid-liquid transition[J]. Particulate Science and Technology, 2009, 27(2): 126-138.

[142] RYCROFT C. Voro++: A three-dimensional Voronoi cell library in C++[Z]. Lawrence Berkeley National Laboratory, 2009.

[143] YI L Y, DONG K J, ZOU R P, et al. Radical tessellation of the packing of ternary mixtures of spheres[J]. Powder technology, 2012, 224: 129-137.

[144] WAKEDA M, SHIBUTANI Y, OGATA S, et al. Relationship between local geometrical factors and mechanical properties for Cu - Zr amorphous alloys[J]. Intermetallics, 2007, 15(2): 139-144.

[145] LIU C, SUN Q, JIN F. Structural signature of a sheared granular flow[J]. Powder Technology, 2016, 288: 55-64.

[146] HARLOW F. H., WELCH J. E. Numerical calculation of time-dependent viscous incompressible flow of fluid with free surface[J]. Physics of fluids, 1965, 8(12): 2182.

[147] BRACKBILL J. U., KOTHE D. B., RUPPEL H. M. FLIP: A low-

dissipation, particle-in-cell method for fluid flow[J]. Computer Physics Communications, 1988, 48(1): 25-38.

[148] SULSKY D., ZHOU S. J., SCHREYER H. L. Application of a particle-in-cell method to solid mechanics[J]. Computer Physics Communications, 1995, 87(1): 236-252.

[149] BARDENHAGEN S., KOBER E. The generalized interpolation material point method[J]. Computer Modeling in Engineering and Sciences, 2004, 5(6): 477-495.

[150] BARDENHAGEN, S., BRACKBILL, J., SULSKY, D. The material-point method for granular materials[J]. Computer methods in applied mechanics and engineering, 2000, 187(3): 529-541.

[151] GUILKEY, J.E., BARDENHAGEN, S., ROESSIG, K., et al. Improved contact algorithm for the material point method and application to stress propagation in granular material[J]. Computer Modeling in Engineering and Sciences (CMES), 2001, 2(4): 509-522.

[152] MA, Z., ZHANG, X., HUANG, P. An object-oriented MPM framework for simulation of large deformation and contact of numerous grains[J]. Computer Modeling in Engineering and Sciences (CMES), 2010, 55(1): 61.

[153] HUANG, P., ZHANG, X., MA, S, et al. Contact algorithms for the material point method in impact and penetration simulation[J]. International Journal for Numerical Methods in Engineering, 2011, 85(4): 498-517.

[154] MA, J., WANG, D., RANDOLPH, M. A new contact algorithm in the material point method for geotechnical simulations[J]. International Journal for Numerical and Analytical Methods in Geomechanics, 2014, 38(11): 1197-1210.

[155] PAN X. F., XU A.G., ZHANG G.C., et al. Three-dimensional multi-mesh material point method for solving collision problems[J]. Communications in Theoretical Physics, 2008, 49(5): 1129.

[156] NISHIGUCHI A., YABE T. Second-order fluid particle scheme[J]. Journal of Computational Physics, 1983, 52(2): 390-413.

[157] STOMAKHIN A., SCHROEDER C., CHAI L., et al. A material point method for snow simulation[J]. ACM Transactions on Graphics (TOG), 2013, 32(4): 102.

[158] BELYTSCHKO T., LIU W K, MORAN B. 连续体和结构的非线性有限元[M]. 北京: 清华大学出版社, 2002.

[159] BARDENHAGEN S. Energy conservation error in the material point method for solid mechanics[J]. Journal of Computational Physics, 2002, 180(1): 383-

403.
[160] 张雄，廉艳平，刘岩，等. 物质点法 [M]. 北京: 清华大学出版社，2013.
[161] BUI H H, FUKAGAWA R, SAKO K, et al. Lagrangian meshfree particles method (SPH) for large deformation and failure flows of geomaterial using elastic-plastic soil constitutive model[J]. International Journal for Numerical and Analytical Methods in Geomechanics, 2008, 32(12): 1537-1570.
[162] ITASCA. Itasca U Version 4.0 user' s manuals[Z]. Itasca Consulting Group, Minneapolis, 2004.
[163] 王泳嘉，邢纪波. 离散单元法及其在岩土工程中的应用 [M]. 沈阳: 东北工学院出版社，1991.
[164] MUNJIZA A. The Combined Finite-Discrete Element Method[M]. New Jersey: John Wiley & Sons, 2004.
[165] WANG J, LI S, FENG C. A shrunken edge algorithm for contact detection between convex polyhedral blocks[J]. Computers and Geotechnics, 2015, 63: 315-330.
[166] 孙翔，刘传奇，薛世峰. 有限元与离散元混合法在裂纹扩展中的应用 [J]. 中国石油大学学报: 自然科学版, 2013, 37(3): 126-130.
[167] ANDRADE J, AVILA C, HALL S, et al. Multiscale modeling and characterization of granular matter: from grain kinematics to continuum mechanics[J]. Journal of the Mechanics and Physics of Solids, 2011, 59: 237-250.
[168] LI X, WAN K. A bridging scale method for granular materials with discrete particle assembly-cosserat continuum modeling[J]. Computers and Geotechnics, 2011, 38: 1052-1068.
[169] LI X, YU H-S. Particle-scale insight into deformation noncoaxiality of granular materials[J]. International Journal of Geomechanics, 2013, 15: 04014061.
[170] NGUYEN T, COMBE G, CAILLERIE D, et al. Fem × dem modelling of cohesive granular materials: Numerical homogenisation and multi-scale simulations[J]. Acta Geophysica, 2014, 62: 1109-1126.
[171] WANG Y, LU Y, OOI JY. A numerical study of wall pressure and granular flow in a flat-bottomed silo[J]. Powder Technology, 2015, 282: 43-54.
[172] ZHANG X, KRABBENHOFT K, PEDROSO D, et al. Particle finite element analysis of large deformation and granular flow problems[J]. Computers and Geotechnics, 2013, 54: 133-142.
[173] BUI H H, FUKAGAWA R, SAKO K, et al. Lagrangian meshfree particles method (sph) for large deformation and failure flows of geomaterial using elastic-plastic soil constitutive model[J]. International Journal for Numerical and Analytical Methods in Geomechanics, 2008, 32: 1537.

[174] CAMPBELL C S. Granular material flows-an overview[J]. Powder Technology, 2006, 162: 208-229.

[175] KOZICKI J, DONZÉ F. Yade-open dem: An open-source software using a discrete element method to simulate granular material[J]. Engineering Computations, 2009, 26: 786-805.

[176] 张传亮. 多孔介质的有效应力及其应用研究 [D]. 合肥: 中国科学技术大学, 2000.

[177] 李相崧. 饱和土弹塑性理论的数理基础——纪念黄文熙教授 [J]. 岩土工程学报, 2013, 35(1): 1-33.

[178] BORJA R I. Multiscale and Multiphysics Processes in Geomechanics[M]. Berlin: Springer, 2011.

[179] BIOT M A. Mechanics of deformation and acoustic propagation in porous media[J]. Journal of Applied Physics, 1962, 33(4): 1482-1498.

[180] BIOT M A. Generalized theory of acoustic propagation in porous dissipative media[J]. The Journal of the Acoustical Society of America, 1962, 34(9A): 1254-1264.

[181] BIOT M A. M. Theory of propagation of elastic waves in a fluid-saturated porous solid. I. Low-frequency range[J]. The Journal of the acoustical Society of america, 1956, 28(2): 168-178.

[182] BIOT M A. Theory of propagation of elastic waves in a fluid-saturated porous solid. Ⅱ. Higher frequency range[J]. The Journal of the Acoustical Society of America, 1956, 28(2): 179-191.

[183] LEWIS R W, SCHREFLER B A. The Finite Element Method in The Static and Dynamic Deformation and Consolidation of Porous Media[M]. New Jersey: John Wiley, 1998.

[184] TERZAGHI, K. Theoretical Soil Mechanics[M]. New Jersey: John Wiley & Sons, 1942.

[185] KUNDU P K, COHEN I M. Fluid mechanics[M]. New Jersey: Academic, 2008.

[186] HASSANIZADEH, S. M., GRAY W. G. Mechanics and thermodynamics of multiphase flow in porous media including interphase boundaries[J]. Advances in Water Resources, 1990, 13(4): 169-186.

[187] LI X. K Finite-element analysis for immiscible two-phase fluid flow in deforming porous media and an unconditionally stable staggered solution[J]. Communications in Applied Numerical Methods, 1990, 6(2): 125-135.

[188] LI X.K., THOMAS H R, FAN Y. Finite element method and constitutive modelling and computation for unsaturated soils[J]. Computer Methods in

Applied Mechanics and Engineering, 1999, 169(1): 135-159.

[189] ZIENKIEWICZ O., CHANG C., BETTESS P. Drained, undrained, consolidating and dynamic behaviour assumptions in soils[J]. Geotechnique, 1999, 30(4): 385-395.

[190] SOGA K, ALONSO E, YERRO A, et al. Trends in large-deformation analysis of landslide mass movements with particular emphasis on the material point method[J]. Géotechnique, 2016, 66(3): 248-273.

[191] CARRIER III W D. Goodbye, hazen; hello, kozeny-carman[J]. Journal of Geotechnical and Geoenvironmental Engineering, 2003, 129(11): 1054-1056.

[192] CATALANO E, CHAREYRE B, BARTHÉLEMY E. Pore-scale modeling of fluid-particles interaction and emerging poromechanical effects[J]. International Journal for Numerical and Analytical Methods in Geomechanics, 2014, 38(1): 51-71.

[193] 李广信. 高等土力学 [M]. 北京: 清华大学出版社，2002.

附录 A　自由基剖分平面证明与性质

为证明到两球切线距离相等的点集构成的是平面，首先考虑二维情况。如图 A.1 所示，$M(x,y)$ 到圆心分为 $C_1(x_1^c,y_1^c)$ 与 $C_2(x_2^c,y_2^c)$ 的两圆的切向距离相等，切点分别为 $N_1(x_1,y_1)$ 和 $N_2(x_2,y_2)$。

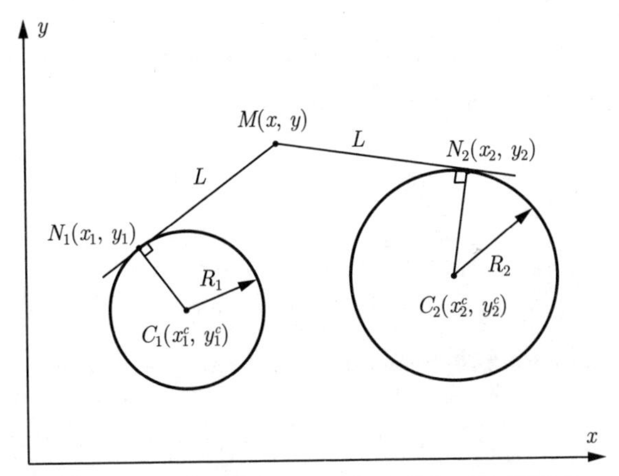

图 A.1　径向剖分面上点与颗粒相对位置示意

由切线条件，有

$$(x-x_1)\cdot(x_1^c-x_1)+(y-y_1)\cdot(y_1^c-y_1)=0 \tag{A.1}$$

$$(x-x_2)\cdot(x_2^c-x_2)+(y-y_2)\cdot(y_2^c-y_2)=0 \tag{A.2}$$

由切点在圆上，有

$$(x_1-x_1^c)^2+(y_1-y_1^c)^2=R_1^2 \tag{A.3}$$

$$(x_2 - x_2^c)^2 + (y_2 - y_2^c)^2 = R_2^2 \tag{A.4}$$

由切线距离相等，有

$$(x_1 - x)^2 + (y_1 - y)^2 = (x_2 - x)^2 + (y_2 - y)^2 \tag{A.5}$$

将式（A.1）～式（A.5）进行综合，约去 x_1、y_1、x_2、y_2，则有

$$(x - x_1^c)^2 + (y - y_1^c)^2 - R_1^2 = (x - x_2^c)^2 + (y - y_2^c)^2 - R_2^2 \tag{A.6}$$

展开整理得

$$y = -x \cdot \frac{x_1^c - x_2^c}{y_1^c - y_2^c} + \frac{1}{2}\frac{\left[R_2^2 - R_1^2 - (y_2^c)^2 - (x_2^c)^2 + (x_1^c)^2 + (y_1^c)^2\right]}{y_1^c - y_2^c} \tag{A.7}$$

至此可以看出二维情况下，两颗粒切线距离相等的点构成一条直线。

对于三维情况，有类似式（A.6）的等式：

$$(x - x_1^c)^2 + (y - y_1^c)^2 + (z - z_1^c)^2 - R_1^2 = (x - x_2^c)^2 + (y - y_2^c)^2 (z - z_2^c)^2 - R_2^2 \tag{A.8}$$

展开整理得

$$\begin{aligned} & x \cdot (x_1^c - x_2^c) + y \cdot (y_1^c - y_2^c) + z \cdot (z_1^c - z_2^c) \\ = & \frac{1}{2}\left[R_2^2 - R_1^2 - (z_2^c)^2 - (y_2^c)^2 - (x_2^c)^2 + (x_1^c)^2 + (y_1^c)^2 + (z_1^c)^2\right] \end{aligned} \tag{A.9}$$

由此可以看出，对于三维情况，两颗粒切线距离相等的点构成一平面。下证，球心连线与剖分面垂直。设该平面上任意两点 $A(x_A, y_A)$、$B(x_B, y_B)$，都有

$$\begin{aligned} & x_A \cdot (x_1^c - x_2^c) + y_A \cdot (y_1^c - y_2^c) + z_A \cdot (z_1^c - z_2^c) \\ = & \frac{1}{2}\left[R_2^2 - R_1^2 - (z_2^c)^2 - (y_2^c)^2 - (x_2^c)^2 + (x_1^c)^2 + (y_1^c)^2 + (z_1^c)^2\right] \end{aligned} \tag{A.10}$$

$$\begin{aligned} & x_B \cdot (x_1^c - x_2^c) + y_B \cdot (y_1^c - y_2^c) + z_B \cdot (z_1^c - z_2^c) \\ = & \frac{1}{2}\left[R_2^2 - R_1^2 - (z_2^c)^2 - (y_2^c)^2 - (x_2^c)^2 + (x_1^c)^2 + (y_1^c)^2 + (z_1^c)^2\right] \end{aligned} \tag{A.11}$$

用式（A.10）减去式（A.11），则有

$$(x_A - x_B) \cdot (x_1^c - x_2^c) + (y_A - y_B) \cdot (y_1^c - y_2^c) + (z_A - z_B) \cdot (z_1^c - z_2^c) = 0 \tag{A.12}$$

因而，有 $AB \perp C_1C_2$，得证。

附录 B 两相物质点法空间离散格式的推导

流体运动控制方程的等效积分弱形式为

$$
\begin{aligned}
&\int_{\Omega} \rho^{\mathrm{w}}(x)\, \boldsymbol{v}_i^{\mathrm{w}}(x)\, w_i(x)\, \mathrm{d}V \\
&= -\int_{\Omega} \frac{n(x)\, \rho^{\mathrm{w}}(x)\, g}{k_{ij}(x)} \left[v_j^{\mathrm{w}}(x) - v_j^{\mathrm{s}}(x)\right] w_i(x)\, \mathrm{d}V - \\
&\quad \int_{\Omega} p_{,i}^{\mathrm{w}}(x)\, w_i(x)\, \mathrm{d}V + \int_{\Omega} \rho^{\mathrm{w}}(x)\, g_i(x)\, w_i(x)\, \mathrm{d}V
\end{aligned}
\tag{B.1}
$$

其中,$w_i(x)$ 为试函数,通过背景网格节点的形函数进行空间离散;$w_i(x) = \sum\limits_I w_i(x_I)N_I(x)$ 空间积分采用液相物质点，且等号左右两边同时乘以孔隙率。则式 (B.1) 各项分别为

$$
\begin{aligned}
&\int_{\Omega} n(x)\, \rho^{\mathrm{w}}(x)\, \boldsymbol{v}_i^{\mathrm{w}}(x)\, w_i(x)\, \mathrm{d}V \\
&= \int_{\Omega^{\mathrm{w}}} \left[\sum_{\mathrm{wp}} n(x_{\mathrm{wp}})\, \rho^{\mathrm{w}}(x_{\mathrm{wp}})\, \boldsymbol{v}_i^{\mathrm{w}}(x_{\mathrm{wp}})\, \chi_{\mathrm{wp}}(x)\right] \left[\sum_I w_i(x_I) N_I(x)\right] \mathrm{d}V \\
&= \sum_I w_{iI} \sum_{\mathrm{wp}} n_{\mathrm{wp}} \rho_{\mathrm{wp}}^{\mathrm{w}} \boldsymbol{v}_{i\mathrm{wp}}^{\mathrm{w}} V_{\mathrm{wp}} S_{I\mathrm{wp}} = \sum_I w_{iI} \sum_{\mathrm{wp}} m_{\mathrm{wp}}^{\mathrm{w}} \boldsymbol{v}_{i\mathrm{wp}}^{\mathrm{w}} S_{I\mathrm{wp}} \\
&= \sum_I w_{iI} m_I^{\mathrm{w}} \boldsymbol{v}_{iI}^{\mathrm{w}} = \sum_I w_{iI} \boldsymbol{v}_{iI}^{\mathrm{w}} \sum_{\mathrm{wp}} m_{\mathrm{wp}}^{\mathrm{w}} S_{I\mathrm{wp}}
\end{aligned}
\tag{B.2}
$$

其中

$$
S_{I\mathrm{wp}} = \frac{1}{V_{\mathrm{wp}}} \int_{\Omega^{\mathrm{w}}} \chi_{\mathrm{wp}}(x)\, N_I(x)\, \mathrm{d}V
$$

为背景网格节点与液相物质点间关联的权函数。

$$\int_{\Omega} \frac{n^2(x)\rho^{\mathrm{w}}(x)g}{k_{ij}(x)}\left[v_j^{\mathrm{w}}(x)-v_j^{\mathrm{s}}(x)\right]w_i(x)\,\mathrm{d}V$$

$$=\sum_I w_{iI}\sum_{\mathrm{wp}}\frac{n_{\mathrm{wp}}m_{\mathrm{wp}}^{\mathrm{w}}g}{k_{ij\mathrm{wp}}}\left(v_{j\mathrm{wp}}^{\mathrm{w}}-v_{j\mathrm{wp}}^{\mathrm{s}}\right)S_{I\mathrm{wp}}$$

$$\int_{\Omega^{\mathrm{w}}} n(x)p_{,i}^{\mathrm{w}}(x)w_i(x)\,\mathrm{d}V$$

$$=\int_{\partial\Omega^{\mathrm{w}}} n(x)p^{\mathrm{w}}(x)w_i(x)\boldsymbol{n}_i(x)\,\mathrm{d}A-\int_{\Omega^{\mathrm{w}}} n(x)p^{\mathrm{w}}(x)w_{i,i}(x)\,\mathrm{d}V$$

$$=\sum_I w_{iI}\int_{\partial\Omega^{\mathrm{w}}} t^{\mathrm{w}}(x)N_I(x)\,\mathrm{d}A-\sum_I w_{iI}\sum_{\mathrm{wp}} n_{\mathrm{wp}}p_{\mathrm{wp}}^{\mathrm{w}}V_{\mathrm{wp}}S_{I\mathrm{wp},i} \tag{B.3}$$

其中，$t^{\mathrm{w}}(x)=n(x)p^{\mathrm{w}}(x)\boldsymbol{n}_i(x)$，不带下标的 n 为孔隙率，带有下标的 $\boldsymbol{n}_i$ 为外法向单位矢量。式（B.3）中忽略了孔隙率的空间梯度。

$$\int_{\Omega} n(x)\rho^{\mathrm{w}}(x)g_i(x)w_i(x)\,\mathrm{d}V=\sum_I w_{iI}\sum_{\mathrm{wp}} m_{\mathrm{wp}}^{\mathrm{w}}g_{i\mathrm{wp}}S_{I\mathrm{wp}} \tag{B.4}$$

综上，对于任何的试函数，有

$$\boldsymbol{v}_{iI}^{\mathrm{w}}\sum_{\mathrm{wp}} m_{\mathrm{wp}}^{\mathrm{w}}S_{I\mathrm{wp}}$$

$$=-\sum_p\frac{m_{\mathrm{wp}}^{\mathrm{w}}n_{\mathrm{wp}}g}{k_{ij\mathrm{wp}}}\left(v_{j\mathrm{wp}}^{\mathrm{w}}-v_{j\mathrm{wp}}^{\mathrm{s}}\right)S_{I\mathrm{wp}}-\int_{\partial\Omega^{\mathrm{w}}} t_i^{\mathrm{w}}(x)N_I(x)\,\mathrm{d}A+$$

$$\sum_{\mathrm{wp}} n_{\mathrm{wp}}p_{\mathrm{wp}}^{\mathrm{w}}V_{\mathrm{wp}}S_{I\mathrm{wp},i}+\sum_{\mathrm{wp}} m_{\mathrm{wp}}^{\mathrm{w}}g_{i\mathrm{wp}}S_{I\mathrm{wp}} \tag{B.5}$$

混合物动量守恒的等效积分弱形式为

$$\int_{\Omega}[1-n(x)]\rho^{\mathrm{s}}(x)\boldsymbol{v}_i^{\mathrm{s}}(x)w_i(x)\,\mathrm{d}V+\int_{\Omega} n(x)\rho^{\mathrm{w}}(x)\boldsymbol{v}_i^{\mathrm{w}}(x)w_i(x)\,\mathrm{d}V$$

$$=\int_{\Omega}\boldsymbol{\sigma}_{ij,j}(x)w_i(x)\,\mathrm{d}V+\int_{\Omega}[1-n(x)]\rho^{\mathrm{s}}(x)g_i(x)w_i(x)\,\mathrm{d}V+$$

$$\int_{\Omega} n(x)\rho^{\mathrm{w}}(x)g_i(x)w_i(x)\,\mathrm{d}V \tag{B.6}$$

其中，$w_i(x)$ 为任意试函数。考虑到 Terzaghi 应力分解，并根据积分项中的密度项，将域内连续函数的空间积分转化为特定相在该相离散物质点处取值的加和的空间积分，则式 (B.6) 各项分别为

$$\begin{aligned}
&\int_{\Omega}[1-n(x)]\rho^{\mathrm{s}}(x)\boldsymbol{v}_i^{\mathrm{s}}(x)w_i(x)\,\mathrm{d}V\\
&=\int_{\Omega^{\mathrm{s}}}\left[\sum_{\mathrm{sp}}(1-n_{\mathrm{sp}})\rho_{\mathrm{sp}}^{\mathrm{s}}\boldsymbol{v}_{i\mathrm{sp}}^{\mathrm{s}}\chi_{\mathrm{sp}}(x)\right]\left[\sum_{I}w_{iI}N_I(x)\right]\mathrm{d}V\\
&=\sum_{I}w_{iI}\sum_{\mathrm{sp}}m_{\mathrm{sp}}^{\mathrm{s}}\boldsymbol{v}_{i\mathrm{sp}}^{\mathrm{s}}S_{I\mathrm{sp}}=\sum_{I}w_{iI}\boldsymbol{v}_{iI}^{\mathrm{s}}\sum_{\mathrm{sp}}m_{\mathrm{sp}}^{\mathrm{s}}S_{I\mathrm{sp}}
\end{aligned}$$

$$\begin{aligned}
&\int_{\Omega} n(x)\rho^{\mathrm{w}}(x)\boldsymbol{v}_i^{\mathrm{w}}(x)w_i(x)\,\mathrm{d}V\\
&=\int_{\Omega^{\mathrm{w}}}\left(\sum_{\mathrm{wp}}n_{\mathrm{wp}}\rho_{\mathrm{wp}}^{\mathrm{w}}\boldsymbol{v}_{i\mathrm{wp}}^{\mathrm{w}}\chi_{\mathrm{wp}}(x)\right)\left[\sum_{I}w_{iI}N_I(x)\right]\mathrm{d}V\\
&=\sum_{I}w_{iI}\boldsymbol{v}_{iI}^{\mathrm{w}}\sum_{\mathrm{wp}}m_{\mathrm{wp}}^{\mathrm{w}}S_{I\mathrm{wp}}
\end{aligned}$$

$$\begin{aligned}
&\int_{\Omega}\boldsymbol{\sigma}_{ij,j}(x)w_i(x)\,\mathrm{d}\Omega\\
&=\int_{\partial\Omega}\sigma_{ij}(x)w_i(x)n_j\mathrm{d}A-\int_{\Omega}\sigma_{ij}(x)w_{i,j}(x)\,\mathrm{d}\Omega\\
&=\int_{\partial\Omega}t_i(x)w_i(x)\,\mathrm{d}A-\int_{\Omega}[\sigma'_{ij}(x)-p(x)\delta_{ij}]w_{i,j}(x)\,\mathrm{d}\Omega\\
&=\int_{\partial\Omega}t_i(x)w_i(x)\,\mathrm{d}A-\int_{\Omega}\sigma'_{ij}(x)w_{i,j}(x)\,\mathrm{d}\Omega+\int_{\Omega}p(x)w_{i,i}(x)\,\mathrm{d}\Omega
\end{aligned}$$

$$\begin{aligned}
\int_{\Omega}\sigma'_{ij}(x)w_{i,j}(x)\,\mathrm{d}\Omega&=\int_{\Omega^{\mathrm{s}}}\left[\sum_{\mathrm{sp}}\sigma'_{ij\mathrm{sp}}\chi_{\mathrm{sp}}(x)\right]\left[\sum_{I}w_{iI}N_{I,j}(x)\right]\mathrm{d}\Omega\\
&=\sum_{I}w_{iI}\sum_{\mathrm{sp}}\sigma'_{ij\mathrm{sp}}V_{\mathrm{sp}}S_{I\mathrm{sp},j}
\end{aligned}$$

$$\int_{\Omega} p(x) w_{i,i}(x) \mathrm{d}\Omega = \int_{\Omega^{\mathrm{w}}} \left[\sum_{\mathrm{wp}} p_{\mathrm{wp}} \chi_{\mathrm{wp}}(x)\right] \left[\sum_{I} w_{iI} N_{I,i}(x)\right] \mathrm{d}\Omega$$
$$= \sum_{I} w_{iI} \sum_{\mathrm{wp}} p_{\mathrm{wp}} V_{\mathrm{wp}} S_{I\mathrm{wp},i}$$

$$\int_{\Omega} [1 - n(x)] \rho^{\mathrm{s}}(x) b_i(x) w_i(x) \mathrm{d}V$$
$$= \int_{\Omega^{\mathrm{s}}} \left[\sum_{\mathrm{sp}} (1 - n_{\mathrm{sp}}) \rho^{\mathrm{s}}_{\mathrm{sp}} b_{i\mathrm{sp}} \chi_{\mathrm{sp}}(x)\right] \left[\sum_{I} w_{iI} N_{I}(x)\right] \mathrm{d}V$$
$$= \sum_{I} w_{iI} \sum_{\mathrm{sp}} m^{\mathrm{s}}_{\mathrm{sp}} b_{i\mathrm{sp}} S_{I\mathrm{sp}} = \sum_{I} w_{iI} b_{iI} \sum_{\mathrm{sp}} m^{\mathrm{s}}_{\mathrm{sp}} S_{I\mathrm{sp}}$$

$$\int_{\Omega} n(x) \rho^{\mathrm{w}}(x) b_i(x) w_i(x) \mathrm{d}V$$
$$= \int_{\Omega^{\mathrm{w}}} \left[\sum_{\mathrm{wp}} n_{\mathrm{wp}} \rho^{\mathrm{w}}_{\mathrm{wp}} g_{i\mathrm{wp}} \chi_{\mathrm{wp}}(x)\right] \left[\sum_{I} w_{iI} N_{I}(x)\right] \mathrm{d}V$$
$$= \sum_{I} w_{iI} g_{iI} \sum_{\mathrm{wp}} m^{\mathrm{w}}_{\mathrm{wp}} S_{I\mathrm{wp}}$$

综上，式 (B.6) 可转化为

$$\boldsymbol{v}^{\mathrm{s}}_{iI} \sum_{\mathrm{sp}} m^{\mathrm{s}}_{\mathrm{sp}} S_{I\mathrm{sp}} + \boldsymbol{v}^{\mathrm{w}}_{iI} \sum_{\mathrm{wp}} m^{\mathrm{w}}_{\mathrm{wp}} S_{I\mathrm{wp}}$$
$$= \int_{\partial\Omega} t_i(x) N_I(x) \mathrm{d}A - \sum_{\mathrm{sp}} \sigma'_{ij\mathrm{sp}} V_{\mathrm{sp}} S_{I\mathrm{sp},i} +$$
$$\sum_{\mathrm{wp}} p_{\mathrm{wp}} V_{\mathrm{wp}} S_{I\mathrm{wp},i} + b_{iI} \sum_{\mathrm{sp}} m^{\mathrm{s}}_{\mathrm{sp}} S_{I\mathrm{sp}} + b_{iI} \sum_{\mathrm{wp}} m^{\mathrm{w}}_{\mathrm{wp}} S_{I\mathrm{wp}} \tag{B.7}$$

致　谢

本书以笔者博士学位论文为模板加以改进，从入选丛书至出版历时五年有余，期间作者工作与生活均有变化，恰借此版面，对过往提供支持的各位师长、朋友略表谢意。

博士学位论文的致谢部分

深秋的夜，博士求学接近尾声，于屏幕中隐约看到自己，戴着眼镜，顶着稀疏头发，目光时而呆滞，时而坚定，忙碌敲着键盘，噼啪声音如此尖锐。一路走来，虽坎坷，但幸运，对人对事，怀揣敬意，铭记感恩。

孙其诚老师亦师亦友，科研上，文章选词、数据分析、结果呈现、论文框架，言传身教，亲力亲为；个人发展上，提供一切条件，鼓励、资助参加各类国内外学术会议，利用一切资源，帮助寻找博士后位置；生活上，亦是无微不至，所发补助位列 top 级别。师从恩师，实属我幸，牢记心中。

感谢清华大学水利水电工程系金峰老师、傅旭东老师、钟德钰老师、黄跃飞老师等，平时鼓励与帮助，倍感荣幸。感谢中国石油大学力学系的薛世峰老师对我在硕士研究生期间的培养，我的博士研究才得以顺利开展。感谢一起并肩战斗的同学、朋友，因为你们，生活而精彩、快乐。最后，感谢对个人选择一直无条件支持的家人。

后续致谢

感谢清华大学出版社与清华大学研究生院对博士研究生毕业发展的支持，此书才得以问世。感谢美国普林斯顿大学土木系 Jean H. Prevost 教授、加利福尼亚大学戴维斯分校力学系的 N. Sukumar 教授和哥伦比亚大学土木力学系的 Waiching Sun 教授提供经费支持与指导，我才能继续从事科学研究。感谢力学研究所多位老师的帮助，我才能成功入职中国科学院，开启自己的职业新篇章。感谢大家。